国家出版基金项目
NATIONAL PUBLICATION FOUNDATION

弄官山

NONG GUAN SHAN

在白头叶猴中间

AMONG THE WHITE-HEADED LANGURS

潘文石　梁祖红　顾铁流　封春光　著

广西科学技术出版社
·南宁·

我们把《弄官山——在白头叶猴中间》奉献给尊敬的读者，书中的每一幅照片、每一个故事，都出自对弄官山荒野的实录。

敬请您耐心阅读，并批评指正。

——本书作者 2024 年 10 月 30 日

作者简介

潘文石

1937 年生于泰国曼谷，1955 年考入北京大学，毕业后留校工作，逐级晋升为生命科学学院教授，长期从事保护生物学研究。美国史密森尼学会 (Smithsonian Institution) 、美国圣迭戈动物学会 (Zoological Society of San Diego) 和美国国家地理学会荣誉会员，现任广西潘文石生物多样性研究中心主任。

已经连续 40 多年生活在荒野之中，做自己喜欢的研究工作。

20 世纪 80 年代，潘文石驳斥了“竹子大面积开花使大熊猫面临灭绝”的片面观点，促使国内外保护机构调整保护策略。出版了《秦岭大熊猫的自然庇护所》、*A chance for lasting survival* 等专著，发表了 *Pandas, people and policy*（英国《自然》，1994）、*New hope for china's giant pandas*（美国《国家地理》，1995）等论文。1992 年获全国“五一劳动奖章”，1994 年获中华全国归国华侨联合会“爱国奉献奖”，1996 年获荷兰王子颁发的保护野生生物“金诺亚方舟奖（Golden Ark）”，1999 年获世界自然基金会（WWF）颁发的“鲍尔·盖提奖（Paul Getty）”。

从 1996 年开始，潘文石深入广西左江南岸的喀斯特石山区，探讨“土地—人口—野生动物之间的复杂关系”，提出生物多样性保护的核心是优先解决当地民生问题，认为让百姓得到温饱，自然保护才有希望。《纽约时报》以“拯救了一片村庄，保护了一群叶猴”为题报道了潘文石的研究保护工作及理念。经过 20 多年的努力，弄官山白头叶猴数量从最初濒危时的 105 只增至 800 多只。出版了《白头叶猴自然史》及 *The Population Ecology of the White-headed Langur* 等专著。2004 年荣获“全国师德标兵”称号，2008 年荣获福特汽车“生态文明贡献奖”，2010 年荣获凤凰卫视“2009 影响世界华人大奖”。2016 年，潘文石的研究工作扩展至探索白头叶猴的利他主义行为领域。

从 2004 年起，潘文石进入广西北部湾，探索中华白海豚继续生存的可能性。向钦州市政府提出建议，在现代工业区域与白海豚分布区之间建立浅海隔离带——三墩路，以时刻提醒人们：只有经济发展和自然保护取得双赢，人类社会才能够可持续发展。钦州三娘湾白海豚数量从 2004 年的 96 头增长到 2023 年的约 360 头。出版了研究专著《钦州的白海豚》。2022 年荣获“中国生态文明奖先进个人”。

梁祖红 广西潘文石生物多样性研究中心研究助理。

顾铁流 纪录片导演、摄影师。

封春光 纪录片编导、摄影师。

铭谢一

真诚地感谢研究基地的研究者和工作人员：

潘岳、杨颜萍、姚蒙、陆海滨、龙玉、赵一、殷丽洁、秦大公、靳彤、王德智、冉文忠、赵庆、张颖溢、刘黎君、程诗灏、陆静妍、李新阳、罗祚业、韦美姣、陆宏毅、邓海星。

感谢淳朴无私的广西人民和五湖四海的朋友的真心和热心，敬仰他们想让世界变得更美好的大爱之心。

最衷心的谢忱和最深切的热爱致予我们的家人，他们的默默支持无愧于我们最崇敬的谢意。

铭谢二

广西壮族自治区人民政府

崇左市人民政府

崇左市江州区人民政府

北京大学

广西北京大学校友会

中国科学院古脊椎动物与古人类研究所

万科企业股份有限公司

华润怡宝饮料（中国）有限公司

南宁市广播电视台

崇左市人民医院

广西医科大学第一附属医院

广西壮族自治区科学技术厅

广西壮族自治区林业局

广西壮族自治区生态环境厅

山水自然保护中心

广西碧园置业集团有限公司

广西协力扶助基金会

广西建明教育管理集团有限责任公司

广西未名投资有限公司

深圳市善思品牌设计有限公司

缘起

我在弄官山脚下有个野外研究基地，但故事缘起于很久以前……

1958 年秋，我在北京大学读三年级时，加入中国第一支珠穆朗玛峰登山队科学考察队，前往珠穆朗玛峰进行科学考察。

一对尼泊尔兄弟送给我一根 16 厘米长的深棕色雪人（当地人叫“耶提”，也就是“野人”）毛，还在纸上画出雪人留下的痕迹——有着 5 个分离生长的脚指头的巨大脚印。

夜晚睡觉，我的手抚着贴在胸前的小口袋中的那根雪人毛，梦见儿时的我坐在汕头的海岸边，海上吹来的风带着海的气味；有一群海豚向我游来，然后变成各种野生动物：巨猿、大熊猫、犀牛、象、猩猩……醒来后回想，童年的记忆总未能泯灭，它们将伴随我终生。

1980 年，我背上行囊离开如诗如画的未名湖，之后的 44 年，就在冰山雪野、热带丛林和碧波海浪中与野生动物们生活在一起！

1958 年 10 月，21 岁的我随中国第一支珠穆朗玛峰登山队科学考察队前往珠穆朗玛峰进行科学考察。到荒野去探索动物的生存方式，是我从小的梦想

1980—1996年

寂静的雪野，
在大熊猫中间

1980年10月末，我和世界自然基金会（WWF）的特别顾问南希·纳什一早就在卧龙自然保护区的雪野中艰难跋涉，直到天黑前才到达海拔2500米的大熊猫研究工作站——五一棚，几间冰雪覆盖下的简陋帐篷，四周山坡上的铁杉和红桦已经冻结成冰。

我和南希·纳什

五一棚

1984—1996 年，我独自带领研究小组在秦岭南坡生活在大熊猫中间。历经 10 多年的苦旅，虽未曾虚度岁月，但也未能完全揭开大熊猫神秘社会的面纱。

在秦岭，我借助无线电跟踪设备，花了 4 年的时光才取得母熊猫“娇娇”的信任：可以坐在它产仔的洞穴边上，咫尺之内观察它与幼仔的关系。从 1989 年至 1996 年，我见证了“娇娇”从发情到怀孕，然后分别生下虎子、希望、三儿和小四并哺育它们的全程。大熊猫母幼家庭从幼仔出生至断奶，一般都维持 20 个月之久；断奶后的雌性幼仔，会帮助妈妈照顾年幼的弟弟或妹妹，直到青春期才离开出生地；而雄性幼仔则终生留居出生地，选择在距离母亲不远的地方建立自己的领地。

日复一日年复一年，我跋涉在寂静的雪野中追踪大熊猫。除了自己的心跳声，什么声音也没有听到，到处死气沉沉，笼罩着冷漠无情的气氛。一想到走在前面的这只野兽随时都可能回转身冲下来时，我就变得非常紧张，害怕得几乎发抖……

▲ 经过 4 年的相处磨合，我终于取得“娇娇”的信任，能够靠近它和它的孩子，并看着它一个又一个孩子的诞生……
这是人类首次拍摄到大熊猫在野外产仔

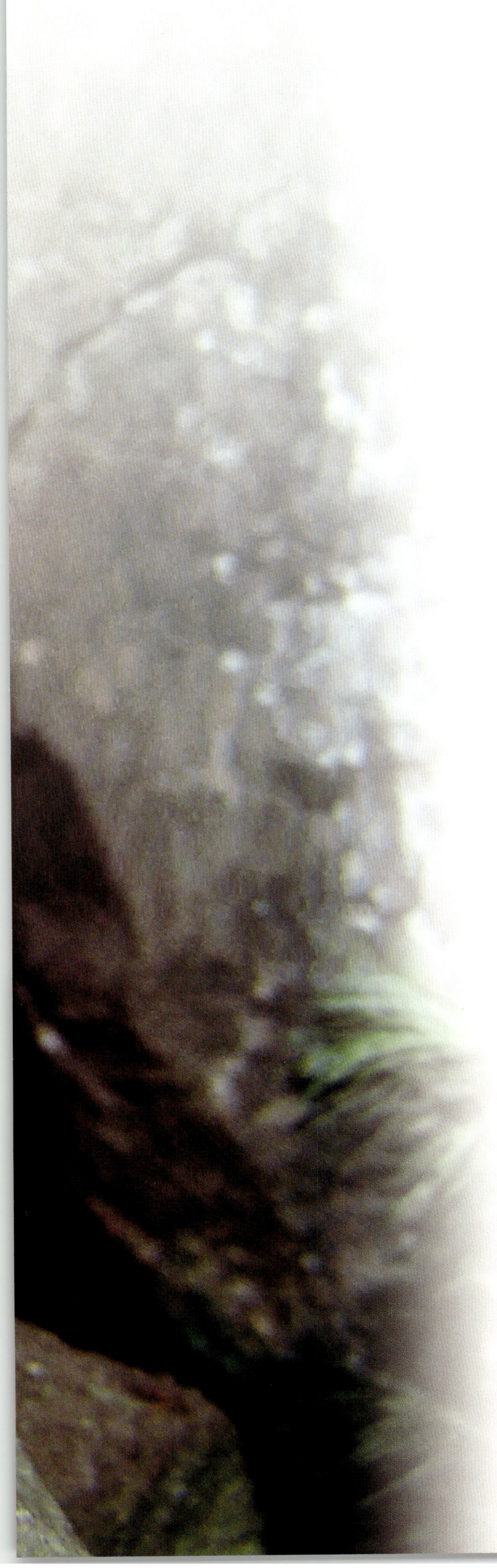

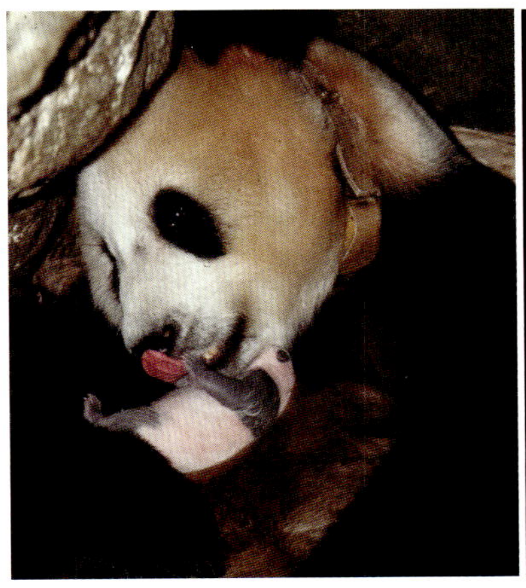

▲“娇娇”和27日龄的儿子“虎子”▲“娇娇”和40日龄的女儿“希望”

“希望”从出生之日开始就得到我的照顾。1997年8月，在我离开一年再次返回秦岭的时候，它竟立即找到我的住房守候在门口，三天三夜不吃不喝，还允许我从它耳尖上采血；之后蹚过小溪，翻过山脊，进入一处洞穴待产……

得自然母親才是
萬物生靈依存
的一切只有保護母
親的自由才能保住
我們的世界明天
我將帶上以敬畏獲
得的智慧走向陌生
的未來

偶文石 一九九六年
十月二十三日於
杉樹揮

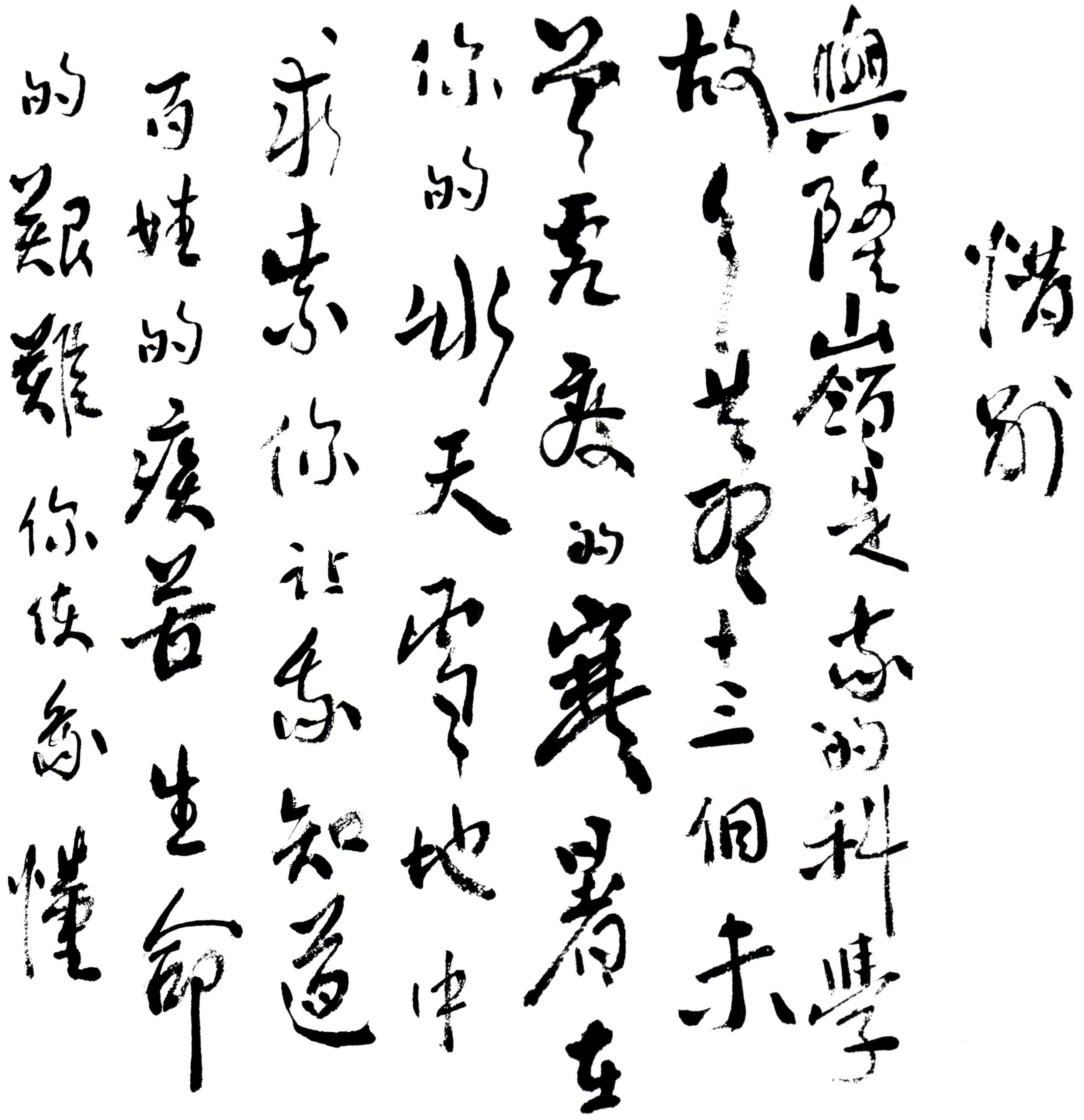

1996 年 10 月 31 日，我盘桓在秦岭的最后一天。寒冷的深夜，蜷缩在鸭绒睡袋里未能入睡。回顾冰天雪野中陪伴大熊猫的 13 年，深知它们也是有血有肉的生灵，它们也与人类一样有欲望和烦恼，有快乐和痛苦，它们也会相互关怀和照顾……

但我不得不与它们惜别，因为心中有了新的向往！

1988 年 12 月中旬

机缘

1988 年 12 月中旬，我接到北京大学谢凝高教授的来信，邀请我前往广西明江和左江交汇处的花山地区，考察世界上最壮观的花山岩画和陇瑞自然保护区。

1988 年 12 月 23 日，我登上开往越南同登的火车，56 个小时之后到达南宁，与其他专家教授会合后再辗转到宁明县，之后乘坐木船前往花山。

考察期间，我听说陇瑞自然保护区有白头叶猴时，想起大学期间在北京动物园听过谭邦杰先生（白头叶猴的发现者和命名者）的讲座，提及他所见到的白头叶猴，于是我在考察小组离开花山之后独自留下，希望能目睹生活在自然栖息地之中的白头叶猴。

22° 17'17"N
107° 2'39"E

潘文石
首次白头叶猴野外跟踪考察日记

OBSERVATION
DIARY

F

10:00

继续向北前进约 3 千米，再向西约 5 千米横穿过谷地，渐渐地深入到保护区荒无人烟的核心地带。再前行便进入一个宽阔平坦而低洼的峰丛洼地。四周的痕迹说明，雨季时这里是一片积水的湿地；现在是干旱的冬季，土壤仍松软潮湿，一丛丛高 3—4 米的斑茅相互接连生长，像围墙一样阻挡了我的视线。我取出一小条在秦岭山中经常使用的黄色的塑料带，捆挂在茅草上当路标后继续往前走。在一处更低洼的地方发现有小洼积水，四周不长杂草，泥地上留有许多鹿的和野猪的蹄印，说明它们常来此地喝水。忽然间，四周寂静无声，连虫鸣和鸟叫都听不到，手表的指针指在 10:00 上。

补 充 记 录

09:00

10:15

在一个陌生的荒野里最使人心情紧张的情境便是寂静，静得除了自己的心脏“咚咚”的声音之外什么也听不见。我弯下腰去仔细检查一个梅花型的脚印，大小相当于我握紧的拳头，长度约 14 厘米，宽 12—13 厘米，说明它是一只大型的猫科动物。这时我心中不免有些紧张，回忆起十几年前在卧龙高山上遭遇那只金钱豹的经历。但这里是北热带季雨林，其最典型的顶级食肉兽是老虎……一种发自本能的感觉促使我站立起来往回走，但是却寻找不到原来设立的路标，因为在冬季仍青葱的茅草丛中，黄色并不很显眼。我挺起胸，亮开嗓子学着早晨那只公猴，“啊儿！啊儿！”大声呼唤来为自己壮胆。但没有料到的是，四周的峭壁上立刻跳出 5 个组群的公猴，它们也大声向我吼叫；与此同时，它们的孩子和妻妾们也坐到石壁的悬崖上注视着我这个“入侵者”。此外还有 2 只单独的叶猴，它们只是各自静静地坐在高高的崖石上俯瞰着我。我想再走近些去看看叶猴们，但似乎已无路可走。而我心里也在犹豫，在这片还不了解状况的丛林中，我不想穿越这看起来似乎无际无边茅草丛生的洼地，更不想去招惹一只正在盯视着我的印度支那虎或金钱豹。镇定了片刻，我靠指南针的指引行进，直到走出这片湿地，等特别紧张的情绪稍微放松下来之后，我补充记录刚才见到的几个白头叶猴组群：9:00—10:15，它们是家庭群、全雄群或独猴（图中 NO.4—NO.10）。

G

11:20

8 只叶猴就在离我 35 米的一棵枯树上攀缘而过（图中 NO.11）。

H

12:30

我踏上另一条小山路，逐渐向上攀登到高高的山脊上，面对望不到边的葱茏的森林。我用望远镜看到远处石峰上有一只孤独的叶猴（图中 NO.12）在爬行，其毛发已失去黑漆般的光泽，尾巴的白毛已泛着污黄，尽管体型巨大，但行动缓慢，表明它年事已高。

I

13:40

晌午，正是太阳当空的时候，我下山钻到一片热带季雨林的下面，参天大树相互毗邻，它们的枝丫层层叠叠，宽大的叶子挡住了阳光的渗透，林下寸草不生，也不生长灌丛和荆棘，行走起来十分方便，但我必须再次打开头灯，否则随时都会撞到前方的树干上。我听到仅在几十步之遥的地方有些轻微的叫声。待我慢慢地、一步一步地走到距它们咫尺之内，抬起头向上望去，才看清共有 11 根白色的尾巴从高处的横枝悬挂下来。它们是我今日观察到的第 13 群猴子（图中 NO.13）。

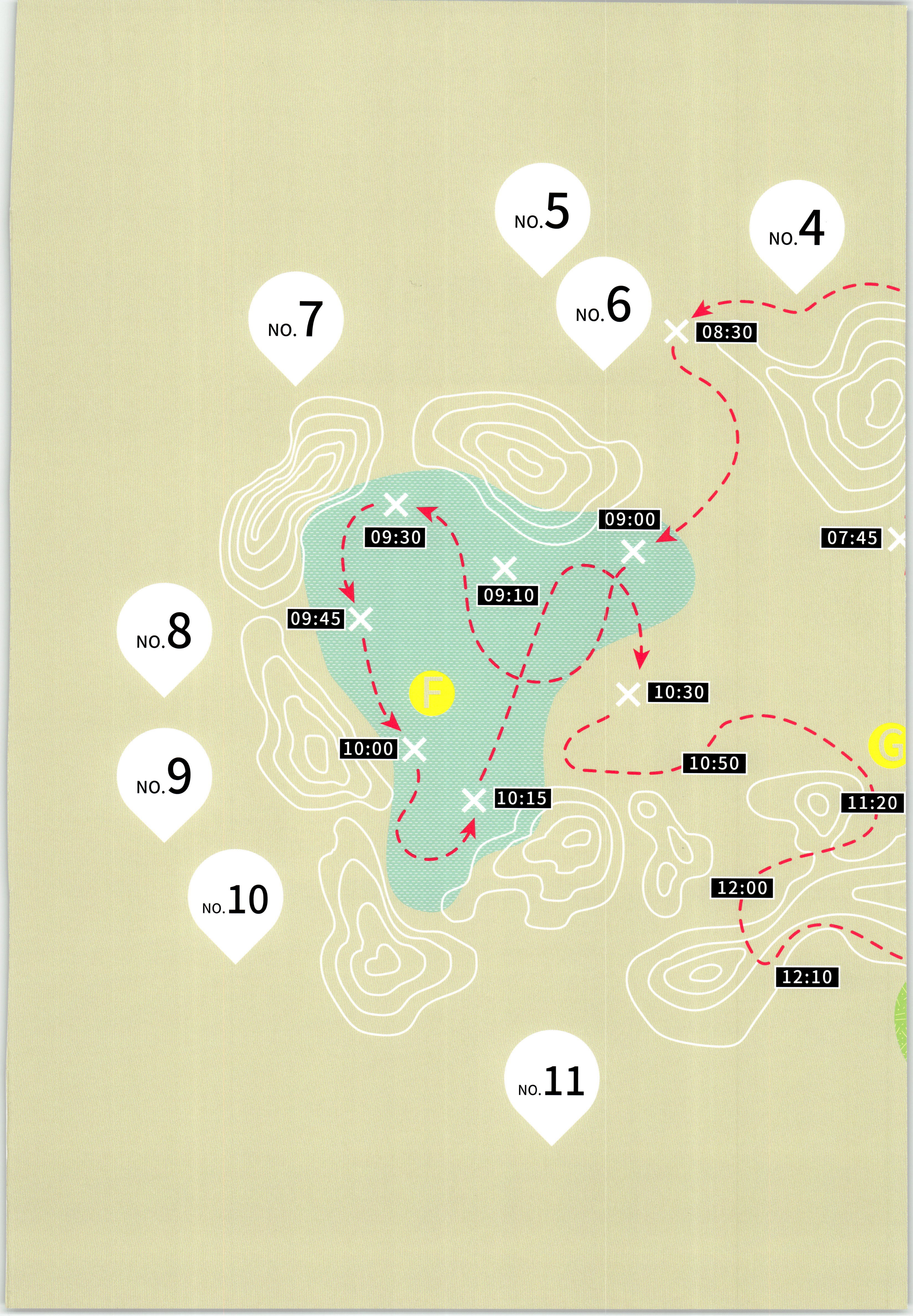
NO.5
NO.4
NO.7
NO.6
08:30
09:00
07:45
09:30
09:10
NO.8
09:45
F
10:30
G
NO.9
10:00
10:50
10:15
11:20
NO.10
12:00
12:10
NO.11

人面果树下的邂逅，激发了我对白头叶猴社会的研究兴趣

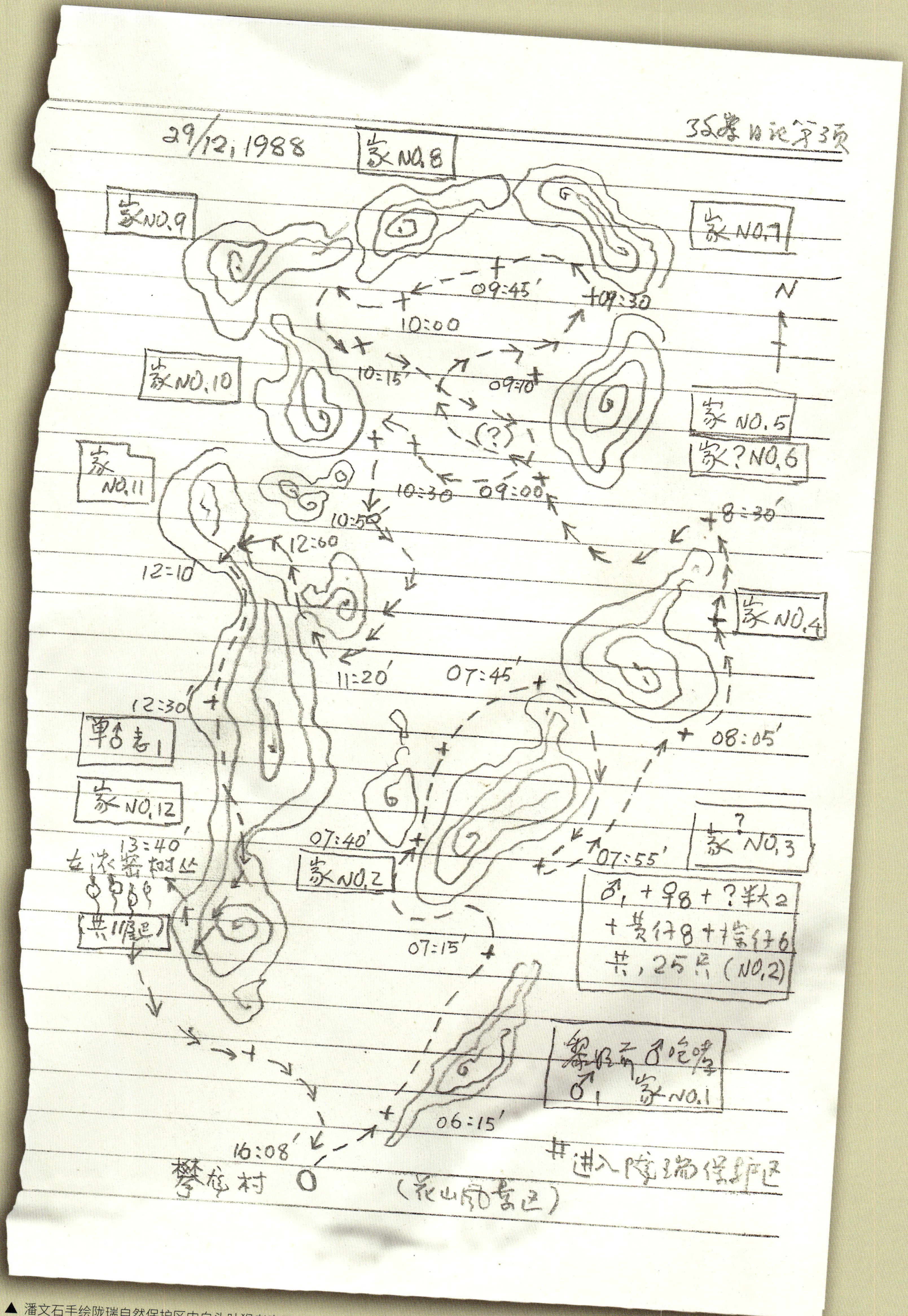

▲ 潘文石手绘陇瑞自然保护区中白头叶猴考察图，1988 年 12 月 29 日

A

06:15

黎明还未到来，黑灰色的天空上还有星星闪烁，我打开头灯，沿着小径爬上山脊。坐在一块巨石上等待天亮，背后有一片模糊的树林，遮住它后面的绝壁。突然，大树的枝丫震动起来，伴随着一只公猴的怒吼声，听得出牠是在发出警告。公猴的叫声振作了我的情绪，庆幸自己的野外考察如此顺利。尽管黑暗中未能见到这些白头叶猴，但一只愿意保护领地的成年公猴必然也会拥有一个有妻妾与儿女的家庭。晨光微露时我隐约数到了10只猴子的影子，这是今天遇见的第一个家庭群（图中NO.1）。

B

07:00

朝霞红了，开始有金色的光芒向天空扩散；明江在晨雾中一片朦胧。我在山脊上向北转身，打算进入还一无所知的陇瑞洼地。沿着一条被当地人踩踏出来的小路向谷底走去，路两边时不时就会出现直落数十丈的悬崖或高耸百丈的绝壁。我在巨石嶙峋的小路上艰苦跋涉了20分钟还未能到达谷底，这时一群美丽的金翅雀相互追逐、大声吵闹，带着一股这片古老森林中湿润的风，把树枝上的露珠扇落到我的脸上。

C

07:25

07:25，在一片约100平方米的洼地上，我第一次清楚地看到成群的白头叶猴，它们聚集在一棵大榕树上。呈现在我眼前的共有8只成年母猴和2只亚成年的小母猴，它们忙于采食树叶；此外还有8只金黄色或棕色的幼猴在树枝间跳来跳去；但未能见到成年公猴。07:40，这群白头叶猴跳上附近的峭壁并向上攀登直至崖顶；然后回眸对我注视了片刻，我觉得它们在微笑，2分钟之后，它们一只接一只地把长尾巴一甩，便翻到峭壁后面，消失到热带丛林里（图中NO.2）。

D

07:55

我从榕树背后的石山绕行约2千米到达石壁东边。终于看清这个家庭群的成年公猴和24只成员，即成年雄性1只+成年雌性8只+半大雌性2只+黄仔8只+棕仔6只。沿小路继续往谷底行进约5分钟，我听见咆哮的水声，在深谷中间看到一个直径约3米的空洞，湍急的地下河就在我的脚下约2米处奔流而去，有些头晕且心生畏惧。

E

08:05

见到第3个组群，这是具有5只年龄不等的全雄群（图中NO.3）。

考察路线
EXPLORATION ROUTE
所在观察点
白头叶猴群位置
00:00 抵达时间
洼地
森林
NO.3
NO.1
NO.2
NO.12
NO.13
E
08:05
D
07:55
07:15
C
B
07:40
A
06:15
花山风景区
16:08
攀龙村
12:30
H
I
13:40
N

1996 年始

北热带丛林，在白头叶猴中间

1996 年 11 月 6 日，带上在珠穆朗玛峰用过的一个睡袋、一顶帐篷、一个防潮垫、一盏马灯、一个望远镜和少量蜡烛及其他用品，我再次登上南下的绿皮火车，进入北热带丛林。先到扶绥的岜盆考察了 10 天，11 月 17 日，我静悄悄地把帐篷安扎在弄官山东北角的一处峰丛洼地中，这是最早的野外驻地 FJC（即“飞机场”，因地势平坦如同飞机起落场而得名）。

再后来，建立研究基地，筑起高耸的野外观察站，我带领新的研究小组一直生活在白头叶猴中间，经过近 30 年，终于揭开了绝壁精灵社会团结合作的深层原因。

潘文石从珠穆朗玛峰带回来的睡袋
洼地里潘文石的帐篷

▲ 生活不需要精致，更不必十分完善，只要勉强能够维持就可以

北京大学生命科学学院

亲爱的女儿：

我拖着疲惫的身躯在乡间的土路上踽踽独行，同时心中却在盘算急需给你写封信。我终于返回到驻地，正坐在帐篷前的台阶上喘息，突然间发现那种一旦翻越山岭便立即投入热带丛林的激情正在慢慢消退。我预料不到要在陌生的世界开拓一项新研究竟会遇到这么多细小却无法克服的困难。

我已经47天没有洗过一次澡了，从家带来的小蜡烛就剩下半根，手电筒里的干电池马上就要耗尽，方便面也已吃完，已有很长时间未能闻到肉味，维生素A缺乏症随时都可能出现。

从研究生回家之后，我就独自为了研究和所有日常事务奋斗直至今日。我需要你和朋友们的支援，但请不要告诉妈妈，以免引起不必要的担心。

爸爸

1999年元月2日

▲ 北京大学崇左生物多样性研究基地门口

▲ 2000 年修缮的研究基地和生物多样性壁画

◀ 我和“藩妈”母女

2004 年始

钦州三娘湾，与白海豚在一起

儿时险些溺海身亡的经历
总也不能让他忘记
而更加刻骨铭心的
是来自一只白海豚生命的托举……

《一个人的诺亚方舟》
（北京大学丛治辰、冯相郡，2010 年）

从 2004 年初起，我把中华白海豚的研究基地建立在钦州三娘湾渔村，目的是寻找到适宜的方法，使渔民与白海豚能够在共同的栖息地中和谐相处，更是为了当地的经济建设与环境保护能够取得双赢。

我们在海上跟踪观察白海豚

钦州市政府采纳了我的建议而调整工业规划布局修建的三墩路，成为自然保护与经济建设的分界线，被誉为“最美海上公路”

惜别

秦岭的冰山雪野，

多年形影不离的大熊猫，

娇娇、虎子、希望

……

进入

弄官山的北热带丛林，

陪伴喀斯特悬崖绝壁上的白头叶猴，

印堂小凸、岚岚、甜甜、石石

……

巡航

北部湾的浅海海域，

找寻白海豚的踪迹，

钦钦、短嘴、小缺

……

我一生的大部分时间，

生活在野生动物中间，

做我感兴趣的研究工作，

一直找寻着生命的真谛

……

目 录

CONTENTS

第四篇

白头叶猴的
社会生物学研究

SOCIOBIOLOGICAL RESEARCH

第五篇

白头叶猴的未来
弄官山的未来

THE FUTURE

01

第一篇

PART ONE

达尔文的精灵

DARWIN'S SPIRIT

白头叶猴的祖先，

来自马来半岛，

沿西太平洋大陆架北上，

把根扎在左江南岸的石山绝壁上。

▲ 渔游蛇

▲ 古老的物种帚尾豪猪带来突发奇想的思绪

▲ 暴风雨前的弄官山

第一章

直系祖先的延续

2003 年夏季，从北部湾登陆的台风急速横扫过十万大山，在弄官山形成的暴风雨持续了三天两夜。

四面八方的雨水迅速汇集到 FJC 洼地，转眼间便淹没灌木丛。被大风打落的树枝、蔓藤与杂草，在泛滥的水中漂着漂着就缠绕在了一起。在这片沼泽里，我们从望远镜中看到有一条渔游蛇划过水面，向着一堆枯枝杂草游去；当蛇钻进漂浮物的枝丫上时，我们竟意外地看到这堆漂浮物上面还趴着两只帚尾豪猪——这是很古老的物种，于冰河时期便出现在北半球并生存至今的物种。我们的视线好奇地追随着这两只豪猪，随着水流的方向由南向北缓缓地向 FJC 顶端的峭壁山脚下移动，但对即将发生的事一无所知。

FJC 地下河的入口

FJC 洼地里的积水不断往大洞峭壁下面流去，水面在慢慢下降。突然，靠近大洞峭壁下的水面出现漩涡，我们发现此处竟是一个地下河的入口。当承载着两只豪猪的漂浮物随着水流漂到此处撞上峭壁时，两只豪猪迅速爬到突出的一个小石台阶上。潘文石从望远镜中看到先爬上峭壁的那只豪猪，在鼻梁左侧的皮肤上有一小块白斑，它幸运地站住了脚，但紧跟其后的另一只却从湿滑的石台阶上掉了下去，瞬间就被漩涡吸入地下河，同枯枝一起消失得无影无踪。此时，有一群白头叶猴在距地下河入口处 70—80 米的绝壁上正好奇地向下俯视。

这次难得的偶遇，给我们提出了一个问题：绝壁上面的这个洞窟会不会也是早年 FJC 的地下河入口呢？不知道它经历过多少个滂沱的雨季，也不知道它吸入过多少动物的尸骸，更不知道这些动物的尸骨会不会与泥沙一起沉积变成了化石。

有的时候，发现也靠运气。

▲ 我们爬上峭壁，进入溶洞，
从早年的堆积物中，
发掘出白头叶猴祖先的化石。

溶洞和绝壁上的猴群

▲ 这片悬崖绝壁与热带丛林中，100万年前凶猛巨兽、巨猿和大象已不复再现，熊猫和猩猩消失无踪……唯有在溶洞的堆积物中才能追溯远去的情景……

通往白头叶猴祖先化石的埋藏地

我们砍了一些坚实的硬木，在峭壁缝隙之间制作成了一个木梯，在垂直如同城墙一样的绝壁上分段向上挪动，终于在12月21日爬进那个黑魆魆的洞穴。

借着火把的亮光，我们寻找到残留在洞壁上的流水痕迹，这里果真是早年的地下河。由于在更新世的地质构造运动之中，FJC的地下河道因逐渐向上抬升而失去了河道的运输功能，成为眼前所见的这个管道洞穴。洞壁上的水流痕迹显示这是一个具有三个分支的支管洞穴，三个分支的水流汇合之后，必然形成旋涡以更快的流速流向更深的河道。洞穴入口处四周的岩石台阶或岩缝就是所见到的FJC白头叶猴家庭的夜宿地。

怎样找到埋藏化石的地方？

我们找到了三个分支洞穴的汇合处，设想着早年被裹挟着沉沙的动物尸骸，必然聚集在旋涡下面。我们在洞穴中搭建帐篷并住在里面，便于整天都能够对挖出的堆积物进行细致的筛选和分析。经过三个月的努力，挖掘出200立方米的砂土，我们很幸运，得到了惊人的发现。

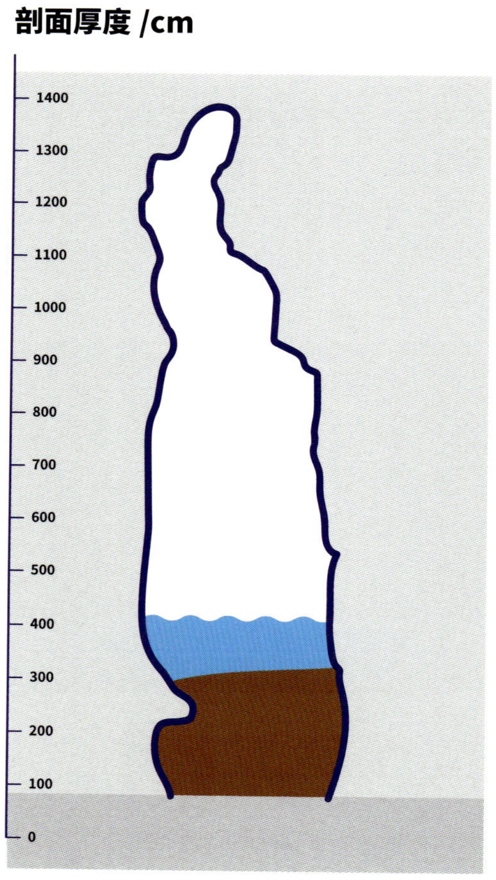

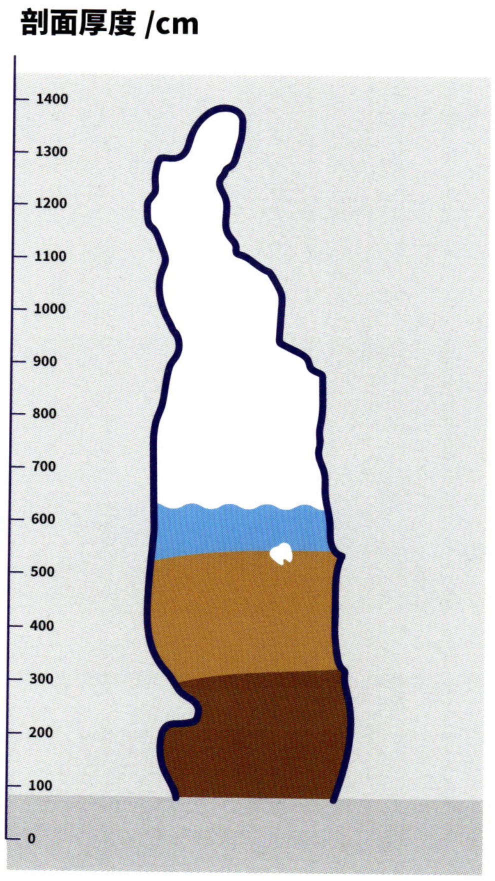

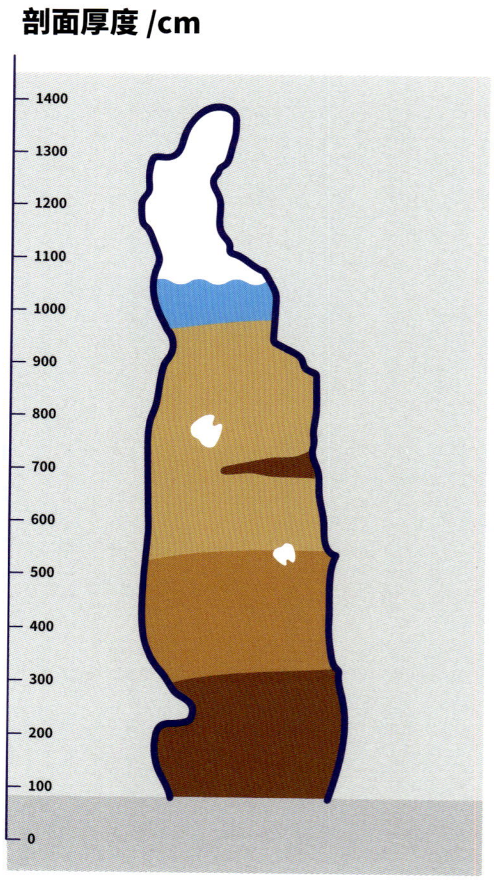

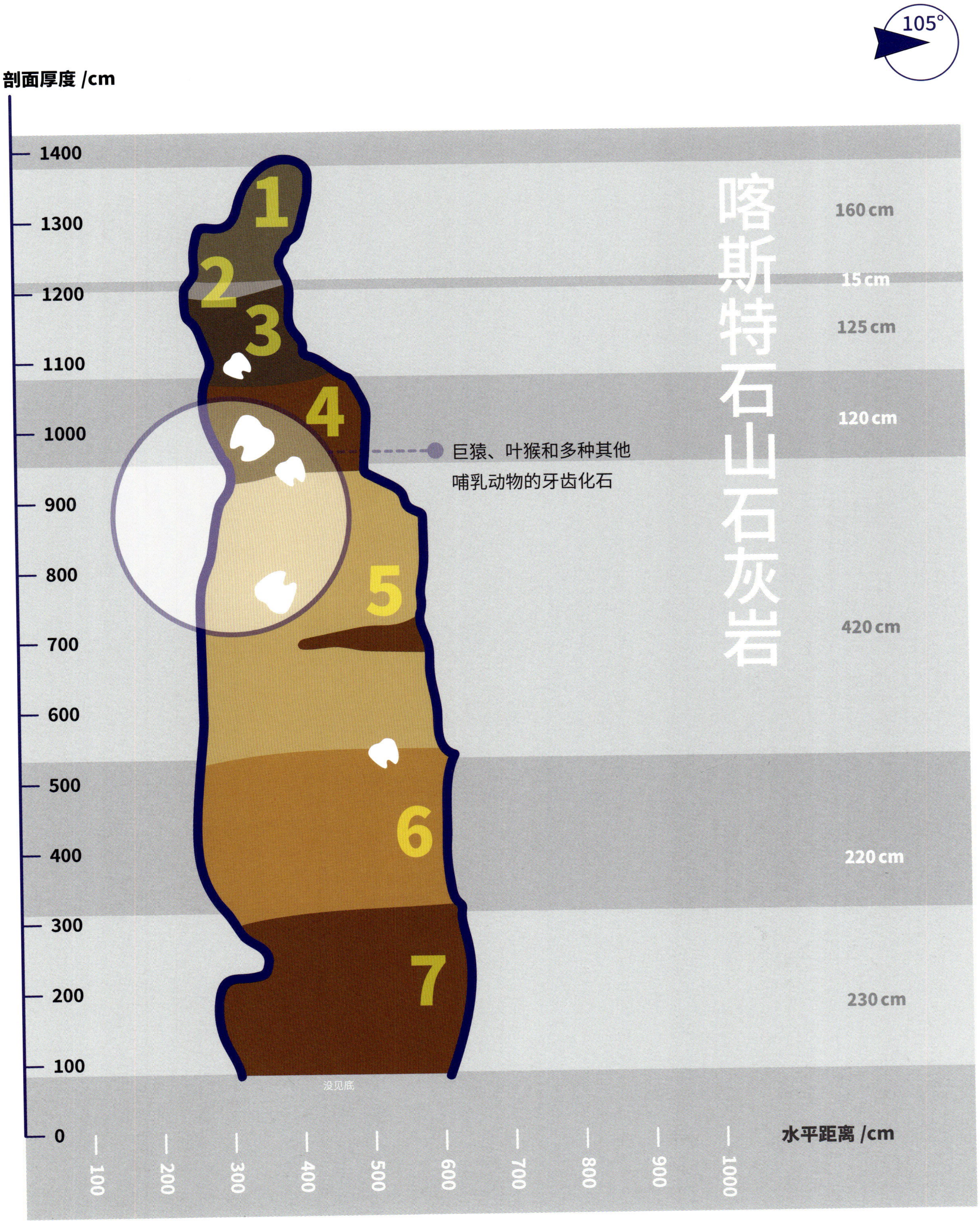

▲ 山洞沉积剖面图

按照洞穴中堆积物的性质，从上至下可分为 7 层：

第 1 层，厚度 160 厘米，为深褐色黏土石灰岩角砾层，不含化石。

第 2 层，厚度 15 厘米，为灰白色钙板层，夹杂着一些化石。

第 3 层，厚度 125 厘米，为褐黄色砂层和局部的钙质胶结，已经有较多化石埋藏。

第 4 层，厚度 120 厘米，为黄褐色砂层，挖掘到巨猿、叶猴和多种其他哺乳动物的牙齿化石。

第 5 层，厚度 420 厘米，土黄色粉砂层，偶尔出现一些巨猿牙齿化石。

第 6 层，厚度 220 厘米，为黄色泥质粉砂层，化石极少。

第 7 层，继续向下挖 230 厘米，还未到达洞底，为土黄色沙质黏土层，很少见到化石。

发现弄官山的巨猿动物群

我们在 FJC 大洞的堆积物中，共挖掘出 82 种哺乳动物的化石。其中最著名的是步氏巨猿（*Gigantopithecus blacki*），它是地球上迄今为止已知的超大型的古猿，是人类的近亲物种，但到底是人还是猿？目前还不清楚。凡是挖掘到巨猿化石的地方，都深受国际同行的关注，我们把这 82 种动物称为“弄官山巨猿动物群”。

与步氏巨猿化石同时出土的还有扬子中华乳齿象（*Sinomastodon yangziensis*）、先东方剑齿象（*Stegodon preorientalis*）、中国犀（*Rhinoceros sinensis*）、巨貘（*Megatapirus augustus*）、中国貘（*Tapirus sinensis*）以及大熊猫（*Ailuropoda melanoleuca*）等化石。这些巨型野兽化石的存在，表明当时的弄官山是一个具有多种多样森林形态的地方，从热带雨林至亚热带落叶林，应有尽有。生境的多样性，使这些动物各自占据自己的生态位，分享弄官山的食物资源。

如果自然历史的车轮可以向后倒退 100 万年，步氏巨猿与大熊猫便是比邻而居的动物。它们是那个年代弄官山的土著，经常结伴在森林中漫游、觅食。

巨猿下颌臼齿的重量约相当于现代人同部位臼齿的 4 倍。如果按 1 个 70 千克重的成年男性来推算，那么当时步氏巨猿的体重可达 280 千克；如果参照生活在非洲热带雨林雄性大猩猩的身高（180 厘米）和体重（180 千克）推算，那么 100 万年前弄官山热带丛林中的步氏巨猿可能会是一只身高超过 250 厘米的巨兽。

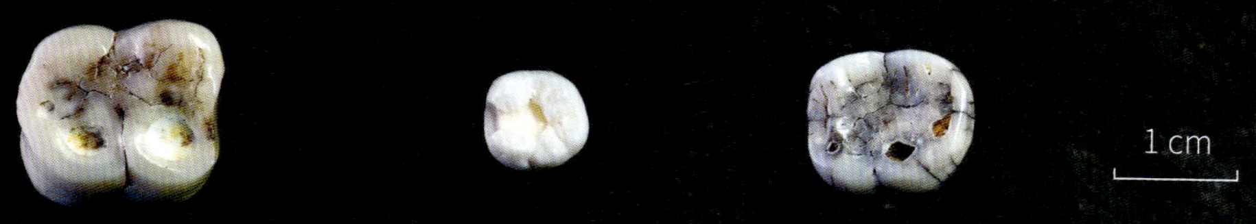

▲ 步氏巨猿牙齿化石　▲ 现代人牙齿　▲ 红毛猩猩牙齿化石

▲ 在溶洞挖掘并研究化石

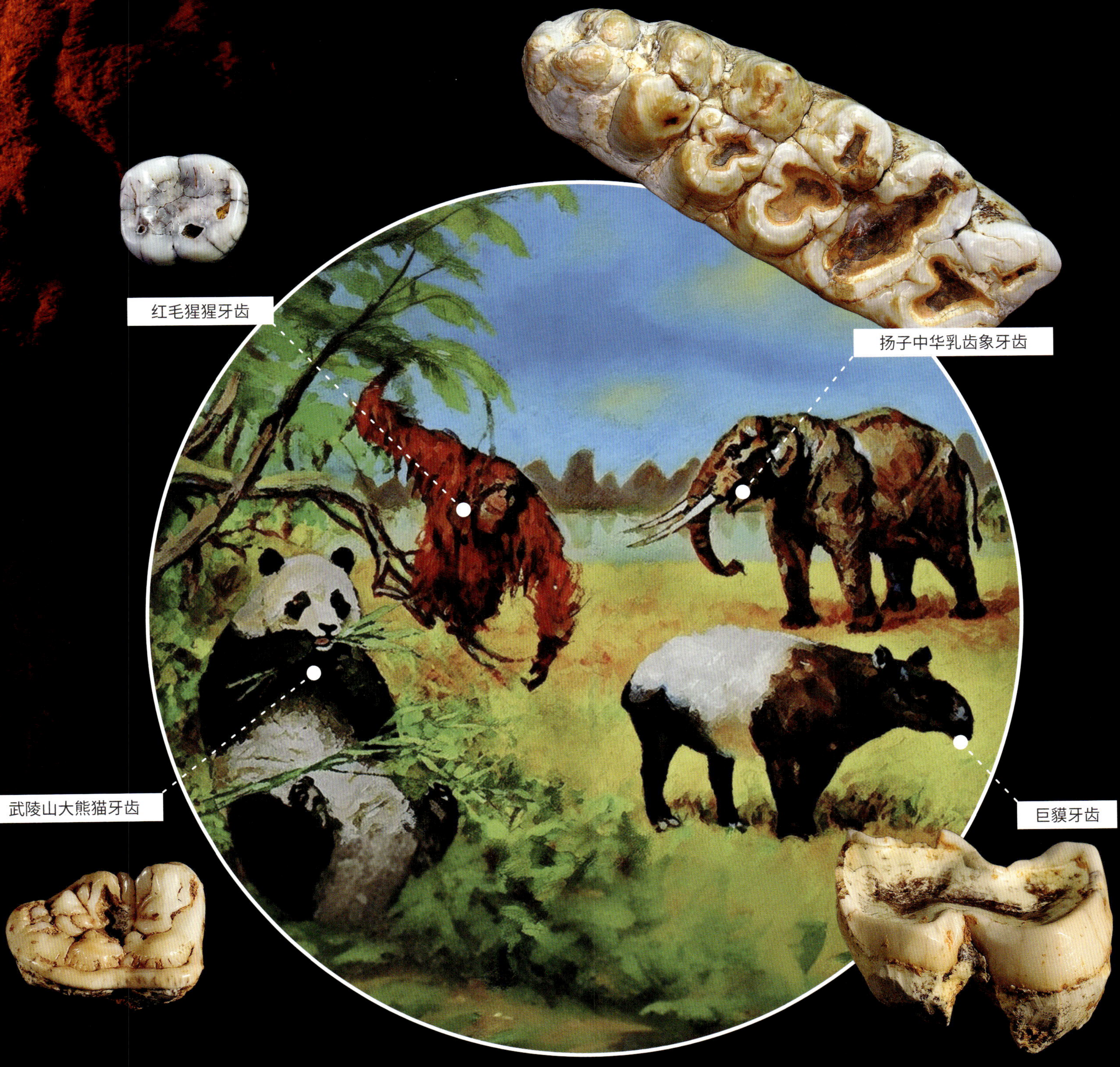

▲ 古生物复原图

巨猿动物群中的灵长类

在这个动物群中，除了步氏巨猿和另一种似猿似人的物种（cf. Hominidae），还有 3 种灵长类动物生活在弄官山热带雨林的树上：猩猩（*Pongo* sp.）栖于森林中下层；猕猴（*Macaca* sp.）的活动范围包括森林地面至森林下层；本书所关注的那种古叶猴，其牙齿显示的形态特征与现生的白头叶猴几乎一致。当时栖身在弄官山的森林之中，还有几种凶猛的食肉兽：成群的古豺（*Cuon. antiquus*）、无所畏惧的硕貂鼬（*Erictis* sp.）和豹（*Panthera pardus*），它们随时都可能成为白头叶猴祖先的猎食者，这就迫使白头叶猴祖先的居住地小生境被局限在绝壁之上。

在古猿还未进化为人的 100 多万年前，步氏巨猿、似猿似人的物种和另外 80 种哺乳动物共栖于此，那是一个多姿多彩的荒野，我们把当时的弄官山称为“弄官山巨猿动物群的伊甸园”。随着更新世后期气候的变化，巨猿和中国貘不复存在，大熊猫和犀牛也远走他乡……它们埋藏在 FJC 大洞里的牙齿化石却留给了我们不复过往的追忆。

当时在这个动物群中不起眼的那种古叶猴并没有随时间而灰飞烟灭，它们的后代顽强地生存下来，并延续至今。从 FJC 大洞出土的那枚古叶猴牙齿，属于下颌第三臼齿，正是公认为区分叶猴种别的特征。这是一个具有里程碑意义的发现。从生活在早更新世中后期的崇左叶猴的下颌第三臼齿到与现生白头叶猴的下颌第三臼齿的形态比较中，臼齿还是那颗臼齿，但形态上已经出现了第六个后小尖的雏形。两者之间的差异虽微小，却显示了演化的过程。我们按林奈的“双名法”命名，给这枚化石牙齿的主人起了一个名字，叫崇左叶猴（*Trachypithecus chongzuosis* Pan），并认为这枚牙齿化石就是古银叶猴直接过渡到崇左叶猴的证据。在更新世早期（约 258 万年前）出现在加里曼丹岛的古银叶猴，向北迁移来到左江南岸而逐渐演化成为“崇左叶猴”。今天仍生活在弄官山的白头叶猴，就是古银叶猴和崇左叶猴的直接后代。它们之间这种连续不断的过渡形式，可以为达尔文进化学说提供一个活生生的例证。

▲ 崇左叶猴牙齿化石

▲ 现生白头叶猴牙齿

当我们爬上绝壁，举着火把进入溶洞，用铁锹发掘到这些化石的时候，便立刻感受到这个山洞具有浓厚的时代感，象、犀牛、貘、大熊猫、猩猩以及巨猿……自 260 万年以来就在弄官山自由自在地生活。直到全新世（从约 1 万年前开始），现代人的崛起与扩张毁坏了动物们的生存环境，使它们相继销声匿迹，但白头叶猴、越南野猪、亚洲豹猫和豪猪等动物还孑遗至今，它们是漫长竞争的胜利者。当我们在弄官山听到它们的呼唤，瞥见它们的身影时，映入我们大脑的是鲜活的“生命进化”的历程。

▲ 化石种对应的几种现生动物

白头叶猴的传说

弄官山壮族先民的部落文化，是以人与白头叶猴的亲密关系为基础的。在还没有文字的那些年代，先民们就以讲故事的方式一代又一代地传颂着一个感人的故事。

很久很久以前，在一个穷苦的小山村，村民按传统习俗将过世老人的遗体送到山里埋葬。出殡时，人们都要在头上裹白麻布，腰间扎一条白麻布带子，以表示对逝去老人的哀悼。告别仪式结束之后，孩子们发现森林中有许多野果和树叶可以充饥，便决定留在山里不回村子。他们白天在树丛里采食嬉戏，夜晚就住在陡峭山崖上的石洞中，以躲避风雨和野兽的袭击。过了些时候，小山村因为人口减少生活逐渐宽裕起来，家长们都想念起自己的孩子，便来到山里要接他们回家。但孩子们已经习惯了山里的生活，他们说：

“我们不回去了，把粮食都留给爷爷、奶奶、爸爸、妈妈和弟弟妹妹们，我们习惯以树叶和果实为生了，就让我们留在山上吧。”

日子一天天过去，孩子们就在山里渐渐长大，生儿育女，一代又一代过着自由快乐的生活。原来裹在头上的白麻布烂了，却长出了白发；扎在腰间的白麻布带子烂了，却生出了一根白色的长尾巴。后来孩子们就变成了白头白尾的叶猴，以此表达他们对人类爹娘的尊敬和思念……

这个关于白头叶猴起源的传说，一直影响着弄官山壮族人民文化传承和社会发展的价值观。从科学的角度来看，人类和白头叶猴都是弄官山生物共同体的成员，这个传说暗含着人类必须平等尊重与热爱白头叶猴和这个共同体的所有生命的理念。形态可爱、举止优雅的白头叶猴，不仅生活在左江以南的喀斯特石山之中，也生活在世界人民的心里。

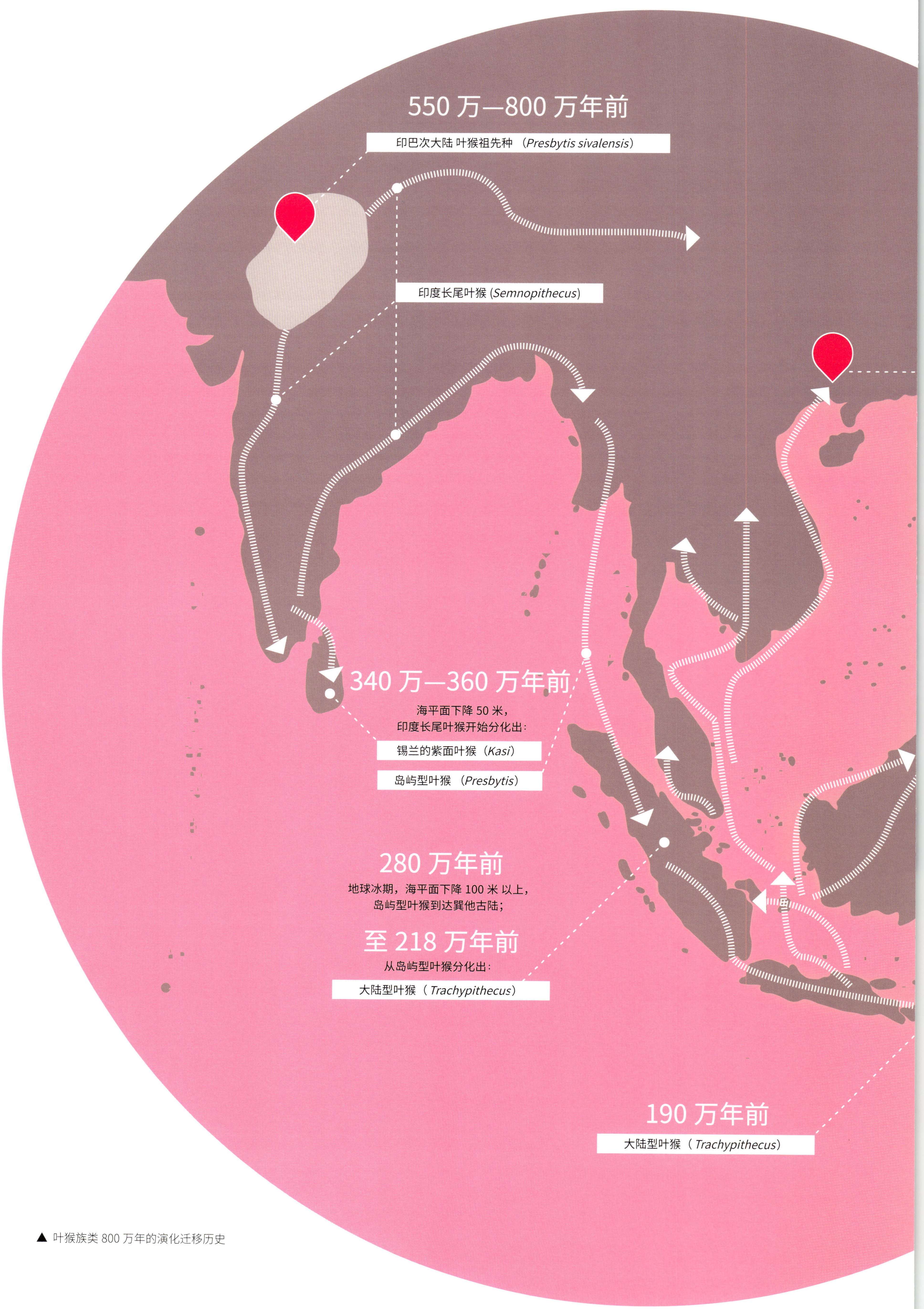

▲ 叶猴族类 800 万年的演化迁移历史

地球的新客：从古银叶猴到白头叶猴

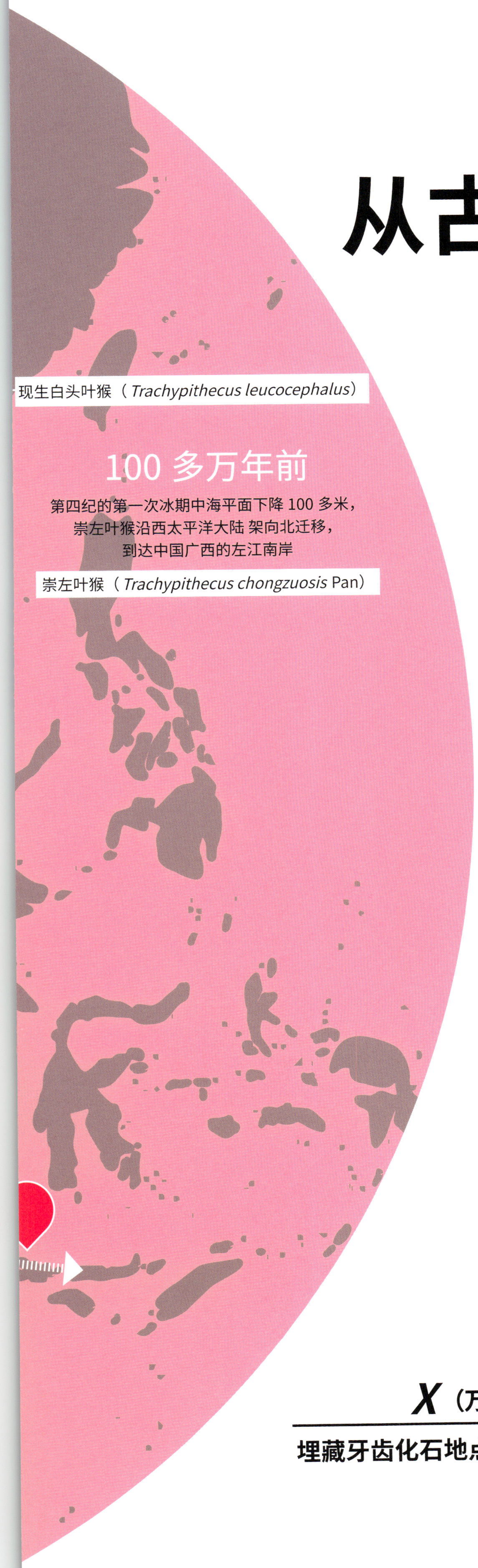

科学上至今还没有找到白头叶猴家族的原始祖先，但是却能找到它的很多后代，它们生活在东南亚的热带丛林之中，都是地球的新客。

崇左叶猴出现在弄官山的时间

弄官山的岩层从更新世（距今约 258 万年）开始向上抬升，FJC 早年的一个地下河入口已经被抬升到距离地面约 70 米的峭壁上面，埋于其中的动物化石也自然随山体一起抬升。国家提供的地形图所显示的数据表明：

埋藏巨猿和崇左叶猴牙齿化石的大洞山顶点海拔高度为 315.8 米，山体的基底部海拔为 180 米，由此推算，大洞山经过 258 万年向上升高了 315.8 － 180=135.8 米。

研究小组通过测量得知，埋藏巨猿动物群化石的地质层位海拔为 234.1 米，去除山体基底部的海拔高度，那么化石被向上抬升的实际高度为 234.1 － 180= 54.1 米。

我们列出一个简单的计算公式，设“*X*（万年）”为巨猿动物群和崇左叶猴生活在弄官山的年代，那么：

$$\frac{X\text{（万年）}}{\text{埋藏牙齿化石地点被抬升的高度（米）}}=\frac{\text{已知更新世早期距今地质年代长度（万年）}}{\text{已知埋藏化石的山体在更新世抬升的高度（米）}}$$

$$X=\frac{258\text{（万年）}}{135.8\text{（米）}}\times 54.1\text{（米）}\approx 103\text{（万年）}$$

▼ 曾经的地下河入口处上方的绝壁成为白头叶猴的庇护所

▲ FJC 的等高线地形图

FJC 大洞山顶
315.8 m
崇左叶猴化石埋藏地
234.1 m
FJC 大洞山脚
180 m
FJC 洼地

古银叶猴是白头叶猴的直系祖先

我们把 103 万年前出现在弄官山的叶猴称为崇左叶猴，实际上它们是从马来半岛一路向北迁居到此的。我们无从知道当时生活在马来半岛的古叶猴的形态特征，但可以从它们现生后代——银叶猴（*Trachypithecus cristatus*）那里找到许多与现生白头叶猴的相似之处。

从远处观察银叶猴，不论其毛色深浅都呈现出银灰色；银叶猴和白头叶猴都具有尖状的鬓冠，两者都具有从耳后向脸颊突出的毛鬓，它们的新生幼仔也都具金黄色的毛色；银叶猴与白头叶猴的雌性都具有一个十分重要的形态学特征：会阴部皮肤有一片明显的三角形白色区域（相当于其他灵长类雌性的性皮）。这一形态特征反映了银叶猴演化分支独特的分类的标准。

生活在北加里曼丹岛和马来半岛上的银叶猴躯干及四肢的毛被呈现着一致的银灰色。生活在加里曼丹岛和苏门答腊岛的银叶猴躯干及四肢的毛被接近黑色，但从远处观察，主要还是银灰色。而在加里曼丹岛上出现了红色的变种。

广泛分布在我国广西、贵州、云南及越南的黑叶猴，也属于由古银叶猴分化出来的一个支系，DNA 的证据表明，黑叶猴沿内陆向南扩散，而白头叶猴则沿滨海的岛链由南向北迁移。

▲ 加里曼丹岛和苏门答腊岛的银叶猴

◀ 北加里曼丹岛和马来半岛上的银叶猴母子

叶猴家族的历史及分类地位

科学上迄今还未能找到整个叶猴家族的祖先，只知道它们最早的化石种于中新世末期出现在印巴次大陆，随后有一个分支向南印度和斯里兰卡扩散，还有一个分支向东和向东南亚挺进。在全球的灵长动物中，几乎所有叶猴都分布在热带亚洲，并以吃树叶为生，成为灵长类中独树一帜的一个族类。

在脊椎动物分类等级上，叶猴族群归属于灵长目（Primates）猴科（Cercopithecidae）疣猴亚科（Colobinae）。但众所周知的事实是，叶猴与疣猴在解剖学上存在很大的差异：所有疣猴的前肢只有 4 个指头，而所有叶猴的前肢却都有 5 个指头。另一个事实是，大部分疣猴分布在非洲，而所有叶猴则在亚洲才有。因此，单凭这两个生物学特征的差异，我们认为在灵长动物的分类格局上就应当将叶猴族群及疣猴族群分开，独立成为“叶猴亚科”。

所有叶猴在形态学及生活习性上都十分相似，同时它们的栖息地十分荒僻并可能相互交叠。直到 20 世纪 90 年代，科学家们才依据化石和与之相关的 DNA 序列的分析一致把叶猴族群分为 4 个属，以它们新生儿的不同毛色作为区分属别的界限，使之成为易于识别并为大众接受的特征。而白头叶猴属于银叶猴属（*Trachypithecus*），新生儿毛色为金黄色或橘黄色。

▲ 加里曼丹岛上红色变种的银叶猴母子

白头叶猴是地球的新客

发生在早更新世中后期的那次严重冰期，使得 1/4 的地球表面被冰河覆盖，造成海平面下降了 100 米以上，从加里曼丹岛、苏门答腊岛、马来半岛的四周浅海地区到泰国湾和北部湾的海底，都露出了海面，紧靠西太平洋大陆架的滨海区域都变成浅海滩涂，红树林沼泽也在海湾地区迅速大面积形成。

东南亚最南端的热带雨林向来被认为是动物的伊甸园，当一种动物的种群数量增加或在某些生态压力的作用下就会向外扩散。在弄官山石灰岩洞穴的堆积物中挖到的 82 种哺乳动物化石，除硕貂鼬这一种外，其余 81 种都属于东洋区的热带动物。它们的化石出现在 103 万年前的弄官山，恰好证实了热带地区动物在冰河期向北迁移的事实。

依据“以今论古”的原则来分析，我们推测 100 多万年前栖居在马来半岛上的一部分古银叶猴向北迁徙的原因：古代的银叶猴也是体型小和生性软弱的个体，它们被同时代的强悍猕猴所逼迫，很难在半岛的陆地上生存，而被迫生活在滨海沼泽的红树林上。当海退出现的时候，古银叶猴的数量随着滩涂上红树林的扩展迅速增加。同时，红树林也成为银叶猴北迁的快速通道，它们从马来半岛出发，很容易便穿过泰国湾到达北部湾。现在我们可以看到，位于北部湾西南部的越南吉婆岛是它们这次长距离（约 3000 千米）征途上的一个驿站，至今仍生存在这个岛上的金头叶猴，是白头叶猴的近亲，它们的外部形态及 DNA 序列都高度相似，这是这次伟大迁移活动的证据。

有一部分古银叶猴留居在吉婆岛上，演化为今天的金头叶猴；另一部分古银叶猴从北部湾北部的顶点——钦州登陆，然后从十万大山东部余脉四方岭的低山河谷进入崇左盆地。在弄官山落户的白头叶猴祖先，即崇左叶猴，在凶猛的食肉动物的捕食压力下，迅速选择生活在峭壁上，这样的生存策略让它们得以存活下来并演化成为现在的白头叶猴。

从叶猴食叶的习性来看，它们的下颌第三臼齿的功能一直是用来咀嚼树叶的，因此在演化上长期维持稳定的形态，如果出现一些改变，哪怕是一些细微的变化，都具有演化和分类的意义。有研究者认为灵长类在进化过程中，臼齿尖表现出了增加的趋势。103 万年前的崇左叶猴下颌第三臼齿的化石具有第 5 个齿尖；演化到今天的白头叶猴已经从第 5 个齿尖的旁边又分离出第 6 个齿尖；再看看黑叶猴，它的下颌第三臼齿的第 5 个齿尖显著加长加大，其旁边的第 6 个齿尖也比白头叶猴的更加明显。此外，它们的齿根也很不一样。虽然这两种动物的外形和栖息地的性质十分相似，但是它们的分布区自古以来就不重叠，表明了白头叶猴与黑叶猴在进化路上早就分道扬镳了。

▼ 现生种银叶猴头骨、下颌及臼齿

▼ 白头叶猴头骨、下颌及臼齿

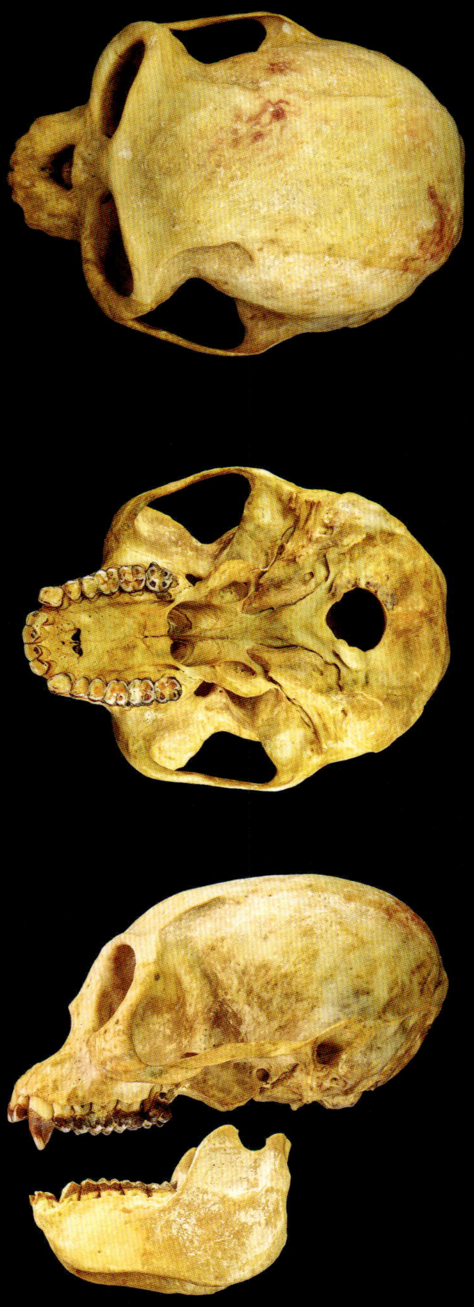

▼ 黑叶猴头骨、下颌及臼齿

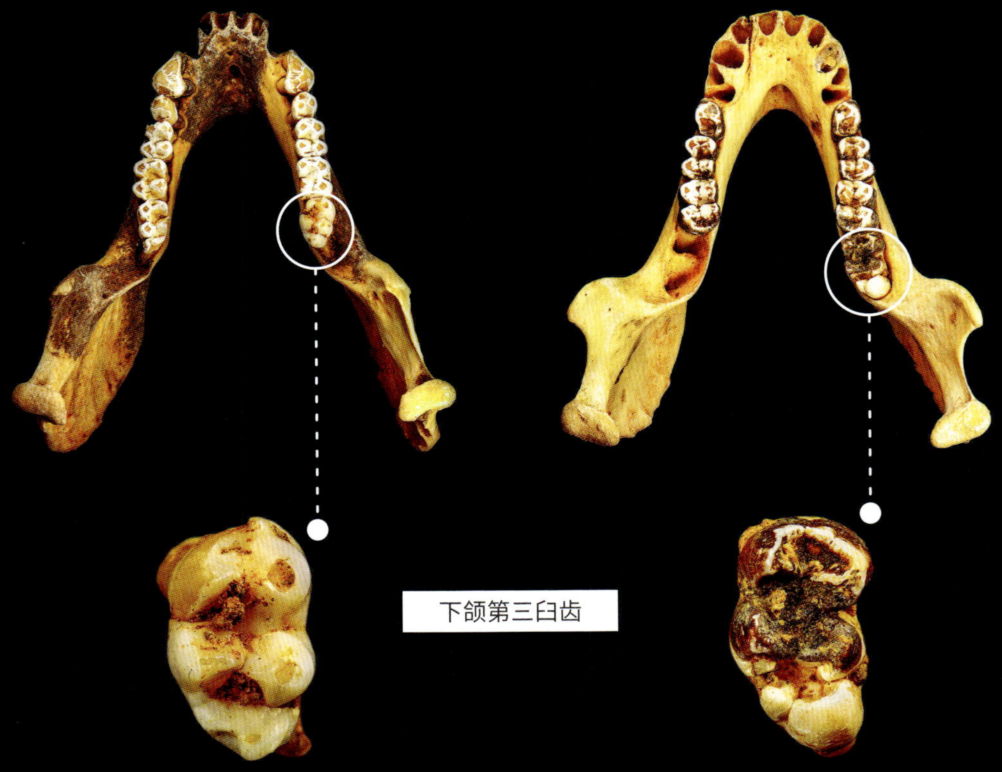

在古生物学家眼里，马是属于进化速率较快的物种。根据它们牙齿的大小变化，从一种马进化到另一种马也要经过几百万年。我们根据在弄官山的观察，获得白头叶猴的繁殖速率平均为每 5 年一代。那么历经 103 万年，从崇左叶猴 (反映了古银叶猴的状况) 进化到现在的白头叶猴只经历了 20.6 万代，其进化速率比马还快。

对于生命演化历史来说，103 万年的时间，只是一眨眼之间。因此，我们认为白头叶猴是地球上的新客。

第三章

演化随时在进行

现生白头叶猴分散在左江以南的三个地方：弄官山、弄廪九重山和弄廪咘嶂。我们无法用肉眼看到它们在器官形态上发生的微小变化，但是从遗传学上分析，它们的基因随着分布区的隔离和时间的推移必然产生改变。这一代的基因与上一代的不完全相同，与下一代的也不会完全相同，基因永远都在改变之中。

▲ 白头叶猴现今分布区是被围困的三个“生态孤岛”：弄官山（弄官北、弄官南）、弄廪九重山和弄廪咘嘈

被围困在相互隔离的生态孤岛上

在 20 世纪中后期，78%的白头叶猴在它们的自然栖息地（包括陇瑞山、陇丰山、岜执旗山及弄斗山）消失了，残存的 22%的个体被隔离在弄官山和弄廪山区域的石山上。

据史书记载，弄官山和弄廪山区域因干旱、土地贫瘠，在漫长的历史时期中几乎无人居住。曾有极少数人“穴居野处或寄治山岩”，采用原始的刀耕火种的落后生产方式，对白头叶猴的生存环境并没有产生破坏作用。而白头叶猴分布区大面积丧失则是从 20 世纪 50 年代才真正开始的，其原因是人口数量不断膨胀，人们对山区的土地及薪柴的需求越来越大，不得不砍伐茂密的热带丛林，并把平缓的河谷坡地开垦为耕地，使白头叶猴从此被围困在石山的生态孤岛之上。

基因以 DNA 的形式存在于细胞中的两个区域，细胞核中有保存着大量遗传信息的 DNA，细胞质中也有保存着相关的遗传副本的线粒体 DNA。2011—2015 年，研究小组分别从弄官山（包括弄官南、弄官北两个片区）、弄廪山（包括弄廪九重山和弄廪岽嘈两个片区）采集 39 个白头叶猴家庭群中的 214 个个体的粪便，采用优化的技术从粪便中获取到 DNA 样品。

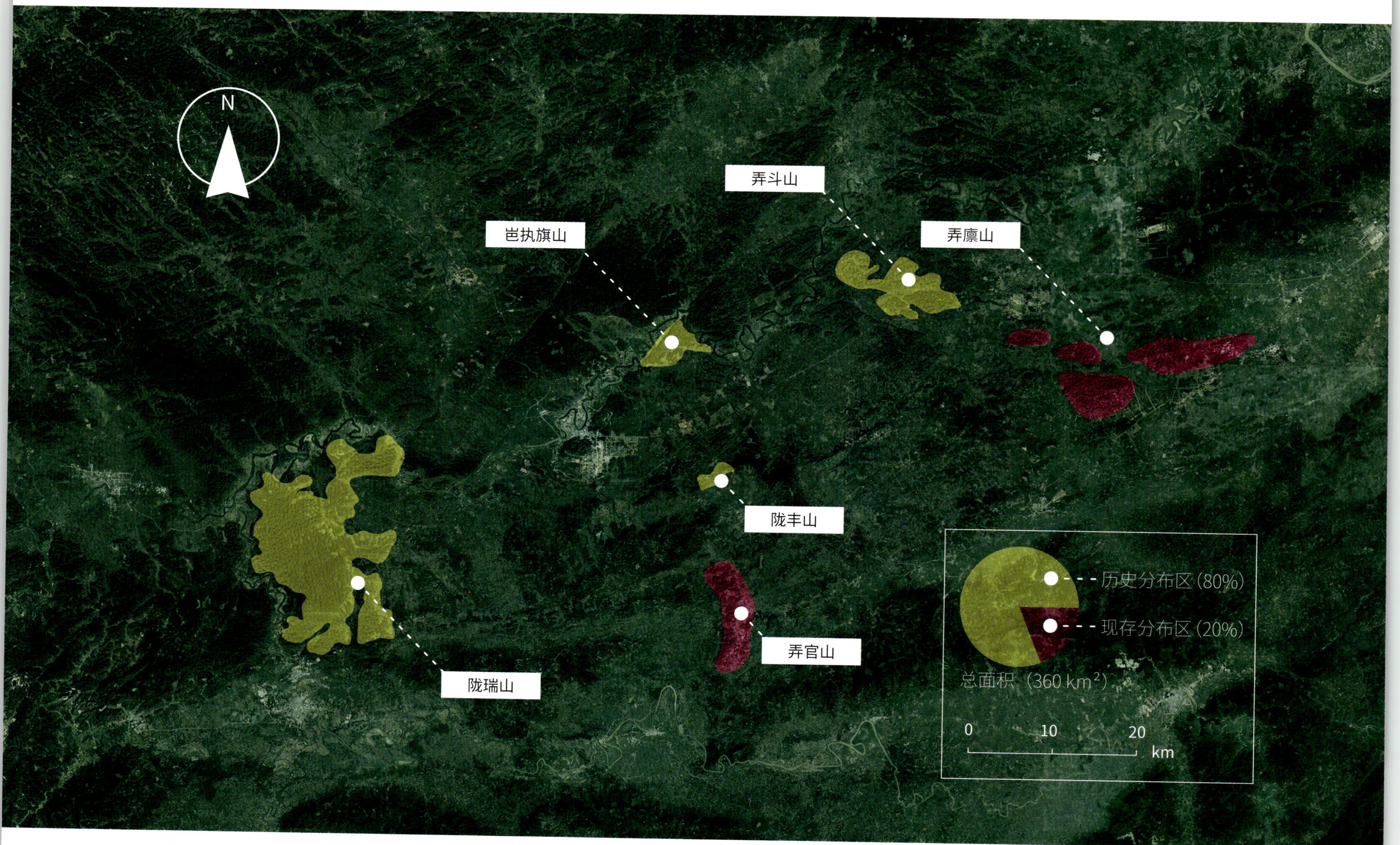

▲ 白头叶猴历史分布区和现存分布区

核基因（微卫星）水平上显示出遗传分化

微卫星序列的进化速率比大多数细胞核分子的高。我们用聚类分析的方法比较弄官南、弄官北、弄廪九重山和弄廪咘嘈种群之间是否存在遗传分化。结果显示 214 个个体聚类成两个组：弄官山种群（下图红色和蓝色）与弄廪山种群（下图绿色和紫色）各自聚集成簇，没有混杂，说明这两个区域的白头叶猴种群已经出现了明显的遗传分化。

弄官山种群虽然被一条公路分隔为南（红色）、北（蓝色）两个片区，但没有检测到它们之间的遗传分化；而同属弄廪山的九重山种群（绿色）和咘嘈种群（紫色）之间已存在遗传分化。

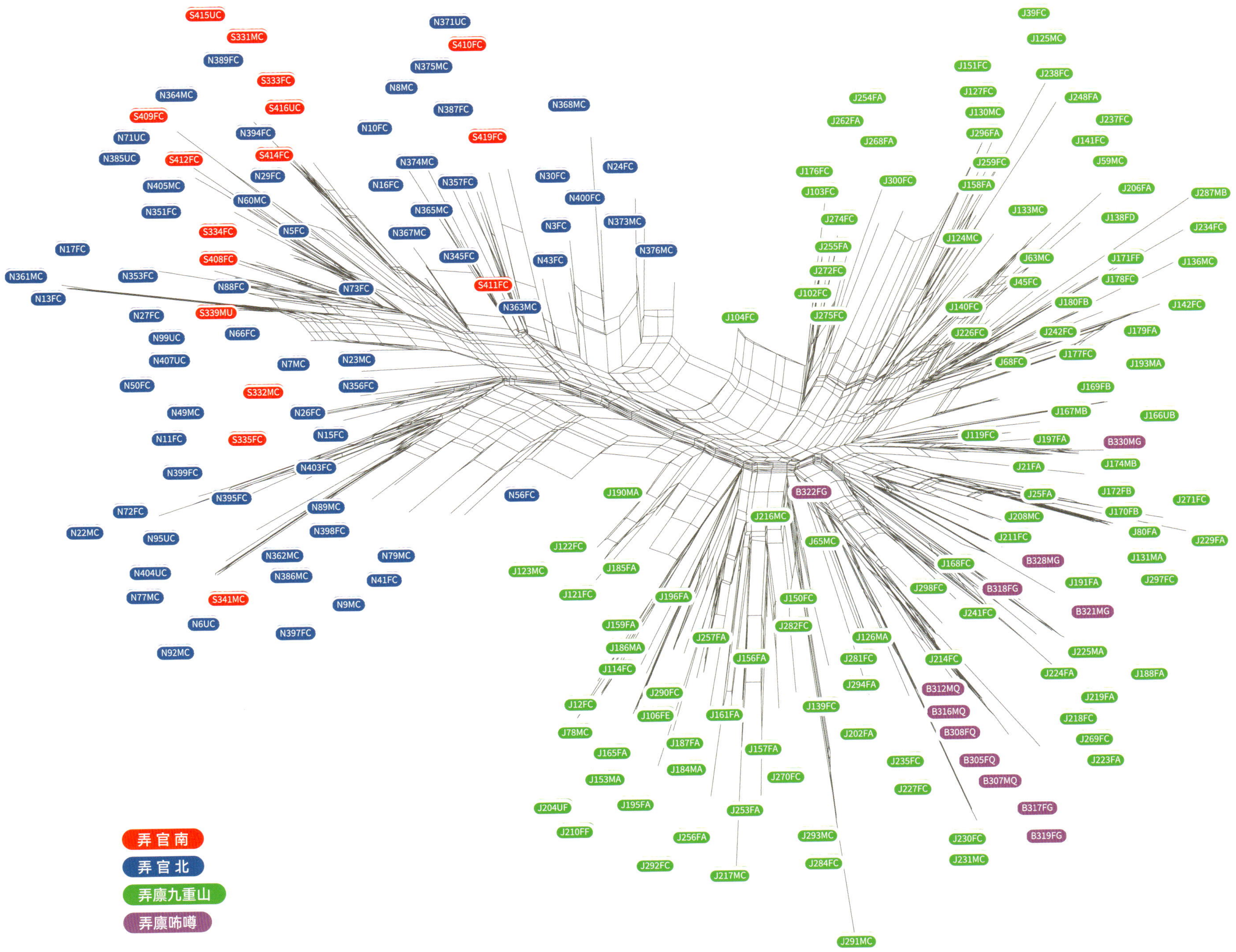

▲ 基于 214 个个体微卫星数据的网络图

（注：不同颜色的编号代表来自不同栖息地的样品，样品间线的长短表示遗传距离远近。）

线粒体 DNA
单倍型的差异显著

线粒体曾经是一种原始细菌，被同时代的另一种单细胞——真核生物的祖先吞噬后，二者发展为共生关系。细胞为线粒体提供安全舒适的生存环境，而线粒体在参与细胞的呼吸作用中为细胞提供能量。但是，线粒体拥有一套独立的 DNA。

线粒体 DNA 的多样性记录了白头叶猴母系祖先的遗传痕迹：现存弄官山种群和弄廪山种群的线粒体 DNA HVI 区多样性存在很明显的差异。把这两个地理种群的线粒体 DNA 单倍型加在一起共有 9 个，我们把它们区分为 A、B、C、D、E、F、G、H 和 I，并列成下表。

弄官山和弄廪山两个白头叶猴地理种群线粒体 DNA 单倍型的多样性比较

单倍型 HAPLOTYPE	01 弄官山 NONGGUANSHAN	02 弄廪九重山 NONGLIN JIUCHONGSHAN	03 弄廪咘噂 NONGLIN BUZUN
Hap A	0	+	0
Hap B	0	+	0
Hap C	+	+	0
Hap D	0	+	0
Hap E	0	+	0
Hap F	0	+	0
Hap G	0	0	+
Hap H	0	0	+
Hap I	0	0	+

（注：具有 Hap C 的 147 个样品中， 弄官山出现的概率为 55.8%，弄廪九重山为 44.2%，而弄廪咘噂为 0.0%。）

研究结果表明，弄官山白头叶猴种群的线粒体 DNA 只有一个“Hap C”型，但弄廪九重山白头叶猴种群的线粒体 DNA 单倍型共有 6 个型（包括“Hap C”和另外 5 个“Hap”）；弄廪向东扩散到咘噂地区的白头叶猴种群占另外 3 个“Hap”型，这 3 个“Hap”型都与弄官山种群和弄廪九重山种群不同。研究结果还表明，在现生的白头叶猴中，弄官山种群占有超过半数（55.8%）的个体带有“Hap C”型，同时弄廪九重山种群中有接近半数（44.2%）的个体也拥有“Hap C”型，这表明这两地的白头叶猴在历史上有过密切的关系。

9 个 DNA“Hap”型随着三个现存地理种群分布区的不同而逐渐出现变化状态。让我们推测，100 多万年前从马来半岛迁移来的古代银叶猴中，只有少数个体最先到达弄官山。它们适应了弄官山的生存环境并繁殖后代，随着种群数量的增加，它们才以母系家庭的形式逐渐散布到左江两岸的其他石山区。每一次迁移并发生对新环境适应的事件，都会被记录到白头叶猴线粒体 DNA 的序列之中。在历史上，白头叶猴的分布区曾经横扫过左江以南的喀斯特石山区；而现在，它们最后的种群仅残存在三片孤立的石山之中。然而，演化并没停止。

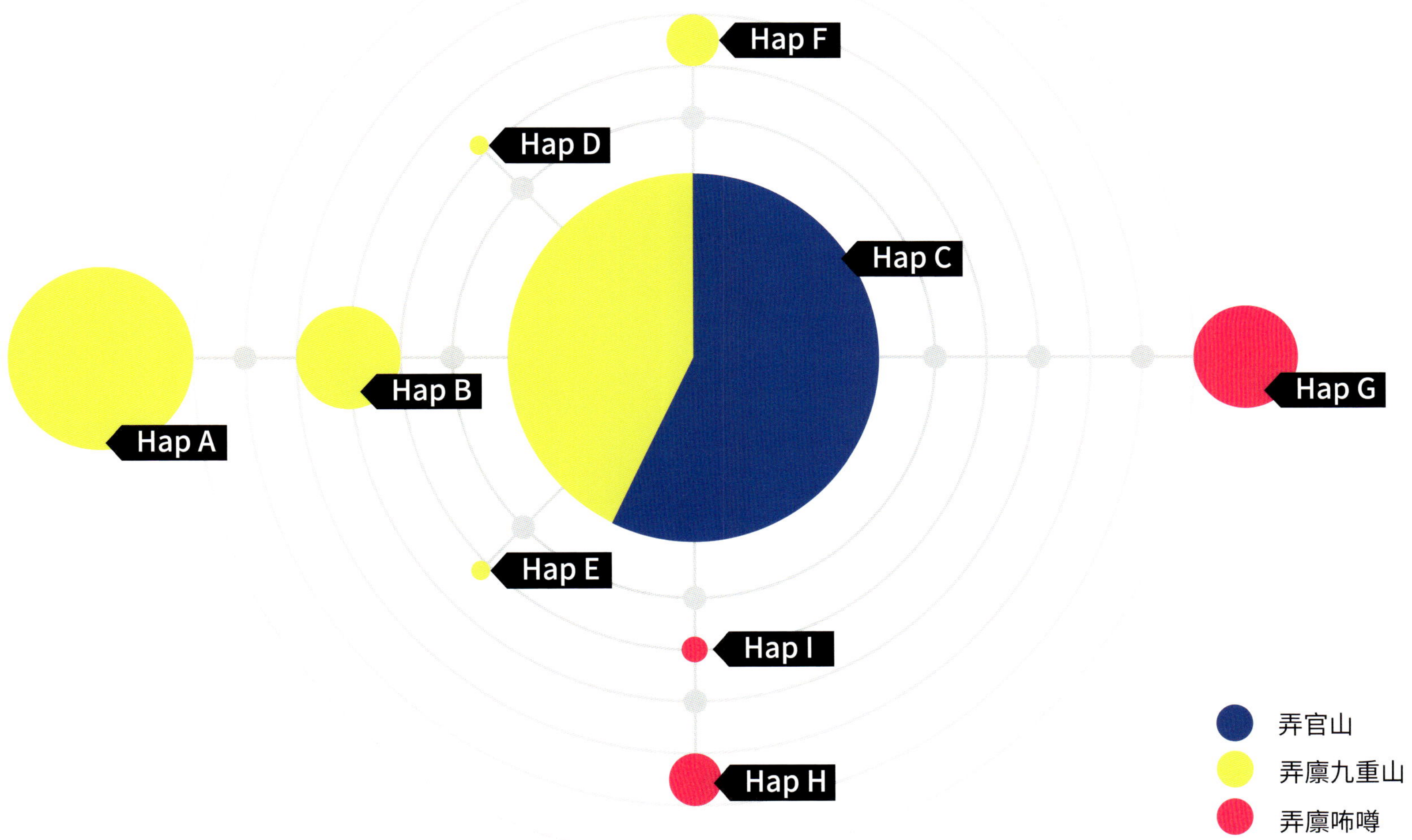

▲ 白头叶猴线粒体 DNA HVI 区单倍型的网络图
（注：每一个圆代表一种单倍型，圆的大小代表该种单倍型在所有样品中所占的比例，与相邻两圆连线垂直的短线表示一个位点突变。不同的颜色代表不同的采样区域。）

三个地理种群之间的关系

研究结果表明，弄官山、弄廪九重山和弄廪咘噂三个相互孤立的白头叶猴地方群体，DNA 多样性的差异程度与群体之间相互隔离的时间长短和地理分布的距离远近成正比。尽管弄官山白头叶猴群体的栖息地被一条公路分隔为南北两部分，但并没有在它们之间造成生殖隔离，弄官山种群南北两部分的 DNA 多样性没有出现差异。

生殖隔离一旦形成，进化的速率就会大大加快。

1958 年，弄官山与弄廪山区域之间的森林廊道被砍伐殆尽，导致这两个白头叶猴群体的地理隔离直线距离达 60 千米。自生殖隔离以来也已经过去了 60 多年，如果按白头叶猴每 5 年为一代计算，它们之间已经有 13 代没有生殖交往。研究小组发现，它们之间的核基因序列及线粒体 DNA 单倍型的多样性已经显示出明显的变化。

同居于弄廪山的九重山群体和咘噂群体之间的森林廊道于 1991 年遭受砍伐，造成了约 15 千米的地理隔离 30 年，相当于 6 代的生殖隔离。它们之间的核基因序列的多样性虽未产生显著变化 , 但线粒体 DNA 单倍型的多样性已出现了明显的改变。

特别值得注意的是，弄官山与弄廪咘嗲两个白头叶猴群体之间的核基因序列和线粒体 DNA 单倍型的相似概率均为零。这种状况的产生，可能与它们之间没有直接的森林廊道有关。

三个现存的白头叶猴地理群体，各自面对着稍有不同的生存环境而产生了“适应辐射”。尽管我们用肉眼未能看到它们之间在大体解剖特征上出现的过于微小的变化，但是凭借分子生物学的研究，我们看到了现存白头叶猴的演化随时随地都在进行着，已经出现了三个分歧，且渐行渐远。

“石山孤岛”成为白头叶猴最后的自然庇护所。生命的进化有始无终，正如古希腊哲人赫拉克利特把它描写成为一条流动之河。河流总是那条河流，但是没有人能两次跨过同一条河。

02

第二篇

PART TWO

弄官山的自然春秋

THE
FOUR
SEASONS

风霜雨露，

四季更迭，

弄官山的生命外壳，

构筑了生命共同体的生存条件，

编织出弄官山绚丽的自然春秋。

第四章

春潮

4 月初，长尾缝叶莺 (*Orthotomus sutorius*) 的雄鸟已迫不及待地站在树枝上高歌鸣唱。

春天的花序和新芽

当绵绵细雨带着春潮的气息飘落进弄官山时，数百种植物遵循季节的变化开始进入从抽芽、开花到结果的新一轮生命周期。

早春时节，“印堂小凸”家庭群中两位雌性领袖“岚岚”和“迎迎”就带领全家寻找构树，新长出的花序和叶芽是它们每天的盛宴。它们上午、下午各用时约 2.5 小时，分别采食约 450 克食物，也就是说，一只成年的白头叶猴全天摄入的食物量为 900—1000 克，相当于其体重的 1/10。这个采食量只相当于 FJC 构树每年春天花序和叶芽 10% 的生物量。这个时期，家庭中的每只母猴差不多都携带着一只嗷嗷待哺的幼仔，幼仔们每日都需要从母亲的乳汁中获得足够的营养。春雨滋长的嫩枝、新叶和花序含有更丰富的蛋白质和糖类，母猴吃进这些富含蛋白质和糖类的食物就意味着可以转化为乳汁与能量，足以喂饱饥肠辘辘的幼仔。

那些 1 岁以上的大黄仔常常离开妈妈的怀抱，它们已经能够独立采食，妈妈也会在采食的过程中教导它们如何挑选最好的食物，但精力旺盛的它们兴趣更多是玩耍打闹，这也是它们成长的“必修课”。

▲ 白头叶猴采食构树花序

▼ 普通翠鸟

恋爱的季节

清晨，捕捉到虾的白胸翡翠掠过南未名湖湖面，而僻静的角落里，有只雌普通翠鸟（*Alcedo atthis*）静静地站在枝头上，这是它一年之中最得意的日子，它用审视的眼光安静观察着追求者们的捕鱼能力。池塘边向它求爱的雄翠鸟们，其中一只突然飞上空中，在半空中振翅悬停，然后猛然俯冲扎进水里，瞬间叼住了一条小鱼，在枝条上稍作整理后飞到雌翠鸟身边把小鱼献给了它；大约过去 20 秒，雄翠鸟又一次扎进水里，迅速地叼起一只虾，又把猎物献给雌翠鸟享用。经过一次又一次的努力，雌翠鸟接受了雄翠鸟的求爱，一起飞向一处陡峭的土坡挖洞筑巢。

▼ 白胸翡翠

▲ 画眉

▲ 红耳鹎

◀ 蓝须夜蜂虎

▲ 白眉棕啄木鸟（♀）育雏

一些鸟儿在忙着寻找伴侣谈情说爱，已经孵化雏鸟的亲鸟夫妇正忙着哺育，喧闹的声音、忙碌的身影，弄官山的春天欣欣向荣……

▲ 长尾缝叶莺利用各种适合的叶子精心缝制育雏的鸟巢

▲ 树上鸟窝里的幼鸟张着大嘴嗷嗷待哺

▲ 鸟父母在谈情说爱

▲ 一对小巧玲珑的暗绿绣眼（*Zosterops japonica*）产下 3 个蛋，但只有 2 个孵化出幼鸟，亲鸟父母不辞辛劳地细心哺育。10 天后，刚长全羽毛的幼鸟便迫不及待地离巢，但幼鸟还需要跟随父母生活一段时间，父母一边继续喂养幼鸟，一边教它们觅食生存本领

“窝寄生”繁殖策略的鸟儿

一夜之间，几种杜鹃跟随着暖湿的气流从苏门答腊岛或加里曼丹岛来到弄官山，研究基地的丛林变成杜鹃们的天下，雄鸟和雌鸟互相回应的歌声不绝于耳。在喧嚣的气氛下，雌鸟则鬼鬼祟祟地去窥探各种小鸣禽的窝巢，选择适合于寄生的鸟窝来实施它的“窝寄生”繁殖策略。

弄官山丰富的植物种类为多种蝴蝶和蛾子的幼虫提供充足的食物支援，也就能够为杜鹃和其他鸟类及它们的孩子提供取之不尽的美味。鸟儿们捕食虫子的方式也有些区别。比如，杜鹃的口腔、食道和胃已经演化出特别的构造，使它们能够直接吞食生长着毒刺的毛毛虫；而其他小鸟偶尔也捕捉到一条毛毛虫，它们会把有毒的刺毛一根根拔除之后才下咽。那些无毒的蝶类、蛾类及其他昆虫成为小鸣禽育雏的食物。

在鸟类中，杜鹃不筑巢、不孵蛋，也不育雏，而是把精力和智慧都投资在窝寄生上。杜鹃会欺骗一些小鸣禽，让它们心甘情愿地充当杜鹃后代的养父母，为杜鹃孵蛋和育雏。每年春天，杜鹃来到弄官山寄生繁育，直到秋天，孩子们羽翼丰满之后，便带着它们向南飞往苏门答腊岛或加里曼丹岛，或到达非洲。它们年复一年、一代又一代春来秋去，往返迁移。

八声杜鹃亚成鸟

四声杜鹃

北棕腹杜鹃

中杜鹃

四声杜鹃

八声杜鹃

小杜鹃

野外工作日记

时 间 2019 年 5 月 20 日－6 月 9 日

野外观察人员 梁祖红、封春光、潘文石

2019 年 5 月下旬，研究大楼背后的阔叶林中传出一种独特重叠的哨音，就像带四川口音的人在说“下雨喝杯茶”，这是小杜鹃雄鸟独具特色的歌声。小杜鹃体型较小，体长约 25 厘米，雄鸟上体灰褐色，胸和腹白色且有较粗的黑色横斑；雌鸟似雄鸟，但有棕色型。

5 月 20 日，我们发现有一对黄腹鹪莺（*Prinia flaviventris*）在基地大楼背后的灌木丛间往返飞行，在叼草做窝。通过拍照识别出这两只黄腹鹪莺的外形差异：雄鸟从头颈至背部羽毛为较深的青灰色，相比之下雌鸟相同部位的青灰色明显较浅；最不同之处是雄鸟眼眶周围皆为深青灰色，而雌鸟在其青灰色的眼眶上又生着乳白色细绒毛，并具有明显的乳白色眉纹。

5 月 21—23 日，黄腹鹪莺夫妇共同筑巢，鸟巢距地面约 1 米，主要的筑巢工作都是雄鸟：叼来各种柔软坚韧的细枝、草梗、草絮、蛛丝、虫茧等建材，在五节芒草秆和枯叶间来回穿梭织巢；而雌鸟更多的时间估计在觅食以便养育腹中的鸟卵，只是时不时进入鸟巢检查一下舒适度，调整草梗到适合位置。总有一些投机取巧的偷盗者来把鹪莺夫妇搭建鸟巢的现成建筑材料偷走，所以鹪莺夫妇不得不用蛛丝、虫茧去修补和加固那些缺失的地方。

5 月 24 日，我们拍摄到一只棕色型的小杜鹃雌鸟偷偷地飞到黄腹鹪莺搭建的窝巢，把头部伸进窝内进行检查。这应该是杜鹃窝寄生关键的一步，它必须准确掌控时机，使自己产下的蛋和黄腹鹪莺的蛋同步发育。于是，在距黄腹鹪莺鸟巢约 1 米的地方，我们安放了红外照相机，希望能记录小杜鹃的“窝寄生”过程。

5 月 26 日，雌黄腹鹪莺拔下一些自己腹部的绒羽，加上雄黄腹鹪莺叼来的细软的斑茅花铺垫在巢底部，它在柔软的孵卵窝里产下第一枚赭红色的蛋。

黄腹鹪莺

5 月 27 日，雌黄腹鹪莺蹲坐在窝里，等待雄黄腹鹪莺叼虫子回来饲喂它。

5 月 28 日，我们从回放的红外照相机录像里看到这样的影像：小杜鹃雌鸟伺机在鹪莺夫妇离开时又来了，它先探头进窝检查，然后从窝里叼出一枚赭红色的蛋，转身飞离；很快又返回来并马上把头伸进鸟窝，之后迅速飞离。

5 月 29 日，我们趁黄腹鹪莺离巢的时候检查了鸟窝，发现里面有 3 枚蛋：2 枚蛋呈赭红色，这是黄腹鹪莺的蛋，透过蛋壳外表可以看到下面界限模糊且呈片状的红褐色斑纹；1 枚白色的蛋，这应该就是小杜鹃放进去的蛋，蛋壳表面仅分布少数几个赭红色的小点，蛋壳下面的界限清晰。两种鸟蛋的颜色有明显的差别，并且小杜鹃的蛋比黄腹鹪莺的蛋大。这是小杜鹃做“窝寄生”的第一步。蛋外表有些差异，说明小杜鹃“窝寄生”的对象并不局限在黄腹鹪莺上，还会选择其他小鸣禽。

5 月 30 日—6 月 8 日，黄腹鹪莺雌鸟始终蹲伏在 3 枚蛋上，雄鸟则不停地叼回昆虫来饲喂妻子。有阳光照射到鸟巢的时候，雌鸟会离开一下，让鸟蛋晒晒太阳。这种安静状态延续了 11 天。

为什么黄腹鹪莺会在孵育自己的蛋时也心甘情愿地替小杜鹃孵蛋呢？世界上所有杜鹃都十分聪明，它们在进化过程中已经形成了优雅和老道的诡计，年复一年地通过小鸣禽的厚道而蒙混过关。

第一，小杜鹃利用黄腹鹪莺的窝巢各自独立、互不掺杂的特点，以为凡是出现在自己窝里的蛋都是自己所生的。

第二，小杜鹃利用拟态，让自己的蛋大小尽量与宿主鸟的蛋相似。

6 月 9 日，天刚亮，我们便听到雄黄腹鹪莺不停地鸣叫，接着看到雄鸟在鸟巢和附近的枝头来回激动地蹦跳；等到我们打开红外照相机，看到的是一种令人心痛的状态：巢窝被毁，雌鸟及全部 3 枚蛋已经无影无踪。由于在利用动物身体的温度触发进行拍摄的红外照相机上未能看到袭击黄腹鹪莺鸟巢的动物影像，我们推测，变温动物蛇是真凶。同时在附近另一个红耳鹎的鸟巢，我们拍摄到凶手白腹社鼠夜间偷袭啃食掉 3 个红耳鹎的鸟蛋。

黄腹鹪莺对 3 枚蛋的孵育已经进行了 12 天，按正常的孵化时间及发育日期计算，3 枚蛋差不多要破壳了，小杜鹃的蛋或许还会比其他两枚蛋先破壳。但是我们很遗憾未能看到这对黄腹鹪莺夫妇如何承担起作为小杜鹃幼雏义父母的责任。黄腹鹪莺将会重新组织家庭，再进行新一轮繁殖的努力，而小杜鹃具备成功的“窝寄生”策略，它在一个夏季中会产下 10 多枚蛋，并分别放进同步孵育的其他宿主小鸣禽的窝中，使它总能在东方不亮西方亮的策略中获得成功。

▲ 栗背短脚鹎正好奇地盯着前方，一只正兴奋地舞动翅膀陶醉于花蜜的黄腹花蜜鸟（♀）

黄腹花蜜鸟（♀）

第五章

盛 夏

初夏至仲夏，有三个大规模的集体活动是弄官山年复一年的盛宴。

▶ 雨中的黑卷尾

▲ 斑腿树蛙

▲ 黑眶蟾蜍

▲ 华南雨蛙

▲ 花姬蛙

▲ 花狭口蛙

两栖类动物的交响曲

每年 6 月开始，太平洋潮湿的气流越过十万大山，形成独特的北热带季节性降雨气候。雨讯传递给了准备迎接每年一度传宗接代机会的青蛙和蟾蜍，它们从蛰伏的状态中苏醒了过来。倾盆大雨成为一股无法抗拒的力量，七八种热带两栖类动物纷纷从地下、草丛、落叶或树洞中钻出来迎接雨水，有的四肢张开漂浮在池塘或临时的水坑里，有的爬上漂浮在水面上的木头，还有的待在水坑边的灌木丛上：

出现在漂浮木头上的黑眶蟾蜍（*Bufo melanostictus* Schneider）、藏于草叶之间娇小的华南雨蛙（*Hyla simplex*）、吸附在竹节上面的斑腿树蛙（*Rhacophorus leucomystax*）、趴伏在池塘边体小的花姬蛙（*Microhyla pulchra*）……

最引人关注的是水面上数量众多的花狭口蛙（*Kaloula pulchra*），它们把池塘和积水坑变成了临时的求偶场：成熟的雄性个体聚集起来进行大合唱，比单个雄性的鸣叫要传播得更远，维持的时间更长久，使参与“大合唱”的成员比单独鸣唱的个体更容易找到配偶，也更能成功地繁殖更多的后代。

在脊椎动物的进化阶梯上，两栖类身体结构比较简单，属于变温动物。它们大部分时间都过着独居的生活，只有交配和产卵季节才打破这种局面组成暂时的简单社会。青蛙和蟾蜍被认为是大自然的“笼中鸟”，因为它们生活史的一部分必须生活在水中，或者在森林中潮湿的地方，对生存环境的细微变化都异常敏感。无论是幼体蝌蚪时期，还是成年时期，皮肤都是多孔渗水的装置，也是重要的呼吸器官。而这样的皮肤，很容易成为毒物和寄生虫聚集的理想温床，这就迫使两栖类动物必须生活在洁净且没有化学毒物污染的地方，否则它们就会迅速死亡。在被农业深度开发和化学农药污染的世界里，两栖类动物已经成为环境安全最直接的指示物种。研究基地还能生活着这么多两栖类，实属罕见。

青蛙和蟾蜍雄体的下颌都有一个声囊作为其鸣叫声的扩大器：花狭口蛙在池塘中发出低沉如老牛的哞叫声，雨蛙在灌木丛里如弹奏着瑶琴般清脆地鸣唱……仲夏夜里，两栖类们用各自独特的歌声，协奏出弄官山最为雄壮的交响曲。

◀ 花狭口蛙

白蚁的社会

一缕穿过热带丛林的阳光，照射到圆锥形的土丘上，这是弄官山北热带季雨林荒野的一大景观。这些高出地面 50—80 厘米的土堆是由一种黄翅大白蚁（*Macrotermes barneyi*）建造的“土楼”，数万只工蚁用自己消化道的分泌物与土壤混合在一起，合力为自己的族群筑建这个宫殿般的巢穴。

具有完整社会且分工明确的一类昆虫，在社会生物学上被称为社会性昆虫，不同种类的社会性昆虫由不同的祖先进化而来。其中蚂蚁、黄蜂和蜜蜂等社会性昆虫都属于膜翅目，但白蚁却属于蜚蠊目，它的原始祖先是由原始的蟑螂进化来的。

每年夏天的黄昏，当弄官山大雨来临之前，天气异常闷热，居住在“土楼”里的工蚁们便开始在土丘巢壁挖凿出许多小洞。工蚁、兵蚁和大部分具有翅的繁殖蚁，都以极其兴奋的状态倾巢出洞。那些具有翅的繁殖个体出洞后立即飞走，而工蚁及兵蚁们则在三四分钟之内返回“土楼”内并把洞口堵上。

具有翅能飞翔又有繁殖力的白蚁个体，一经从空中落地翅便从基部折断，然后雄性白蚁咬住雌性白蚁的腹部末节组成配偶，紧接着寻找藏身之处，准备在适合的环境中进行繁殖，建立自己的族群，建造引人注目的圆锥形“土楼”。

我们观察到，在黄翅大白蚁的土丘有一种真菌附生在巢壁上，它们之间已形成了共生关系：白蚁为真菌建造生存环境，真菌为白蚁的幼虫提供食物。

▲ 清晨的阳光透过石山脚下的丛林，照到了白蚁的“土楼”

社会生物学认为，白蚁是“真正”的社会性昆虫，它们具备了高级的“真社会”组织形式，社会内部已经出现了职别分工：

一是体型小巧但数量占据着集群中优势地位的工蚁，它们中一部分成为巢室的内助者，负责巢内的清洁及喂饲幼蚁的工作；而大多数工蚁为外助者，负起外出觅食与筑巢的职责。

二是具强力锐利“牙齿”的兵蚁，它们的责任是保卫巢的安全。当我们打开居住着蚁后的内巢时，发现每一条通道中都有 8—10 个入口，每个入口都镇守着一只头部特化的兵蚁，整个头部大小恰好与通道入口的直径相当，它们那尖锐的上颚，只需一刹那就能把试图伸手一探的观察者的手指“咬”出血来。

三是体型巨大的蚁后，它们终生不做工，特化成为产卵的机器。

上述这些“真正”社会性昆虫的社会性状具有以下共同特征：

一是存在繁殖上的分工。大量不育的雌性个体替少数几个具有旺盛生育能力的姐妹或母亲劳动。

二是每个族群内都同时生存着能为集群提供劳动力的两个重叠世代，以保证这些重叠世代具有以接力的方式为亲代服务的潜力。

三是相互合作共同抚养同巢的幼体。

1964 年，英国进化生物学家威廉·汉密尔顿，依据社会性昆虫复杂的社会结构及利他主义行为，提出了解释动物社会的“亲缘选择”理论。他认为昆虫社会的亲密合作关系，是建立在同一个族群内部成员之间都享有高度相似的基因之上的。

▲ 蚁穴内

▲ 工蚁

蚁后

萤火虫盛典

弄官山仲夏之夜最壮观的景象，便是萤火虫盛典。

在昆虫纲中，萤火虫的社会结构和行为方式都属于简单的模式，但它们却是世界上最著名的昆虫之一。它们之所以著名，是因为其腹部末端 1—3 个体节演化为发光器，因此当成千上万只雄性萤火虫在漆黑的夜晚一齐从土里爬出来飞到空中时，它们一闪一闪的发光器，像漫天星辰坠落，千万盏闪烁着蓝绿色荧光的小灯笼在丛林间飞舞飘荡，神秘而温馨，微光给人们传递着平安与柔和的情感。

这是一种丽花萤（*Themus* sp.）甲虫：黑色的头部、橘红色的颈部，一对黑色的鞘翅盖在胸腹部的背面。在显微镜下观察萤火虫的发光器，可以看到发光器的细胞表面有一层白色的颗粒状物质，其中含有荧光素及荧光素酶，当这些物质与空气接触时，通过氧化反应就会发出荧光。

萤火虫的两性在形态和行为上都有着巨大的差异：雄虫具备成体昆虫6条腿和2对翅的典型结构，能够在天空中自由飞翔；成年的雌性萤火虫终生维持着幼年期的蠕虫状态，它们生活在地上、草叶或枝条上，只能爬行，不会飞翔。直到19世纪40年代，科学家在研究动物社会内部的通信行为时，才发现萤火虫闪动的光信号是一种简单的传达性信息的“离散信号”，一亮一灭的信号都带着这个物种的特异性，这是萤火虫在进化过程中所形成的种的“固定模式”：当地上的雌性萤火虫发现从空中飞过的是同种雄性时，会以本物种的固定模式信号做应答，吸引同种的雄性飞到自己的身边来。

萤火虫美丽而浪漫，但爱情生活却十分短暂。它们没有家庭，两性在交配之后便各自分开，雌虫把卵产在土里后便让它们自然成长。父母双亲留给子代的遗产就是荧光物质，这些物质一直保留在孩子身上，从幼虫到成虫，终生都能闪烁着与父母一样的荧光。

萤火虫也必须生活在洁净的、没有化学污染物的土壤上，因为它们的幼虫的食物是蜗牛，而清洁的水源才能养育蜗牛。因此，萤火虫也成为洁净环境的天然指示物种。光凭这一点，它们就有权在全球的生命共同体中继续生存下去。

▲ 萤火虫

夏天甜美的果实

▲ 采食杧果

采食龙眼

采食凤凰花

采食翼核果

采食无花果

采食小叶栾树

第六章

秋色

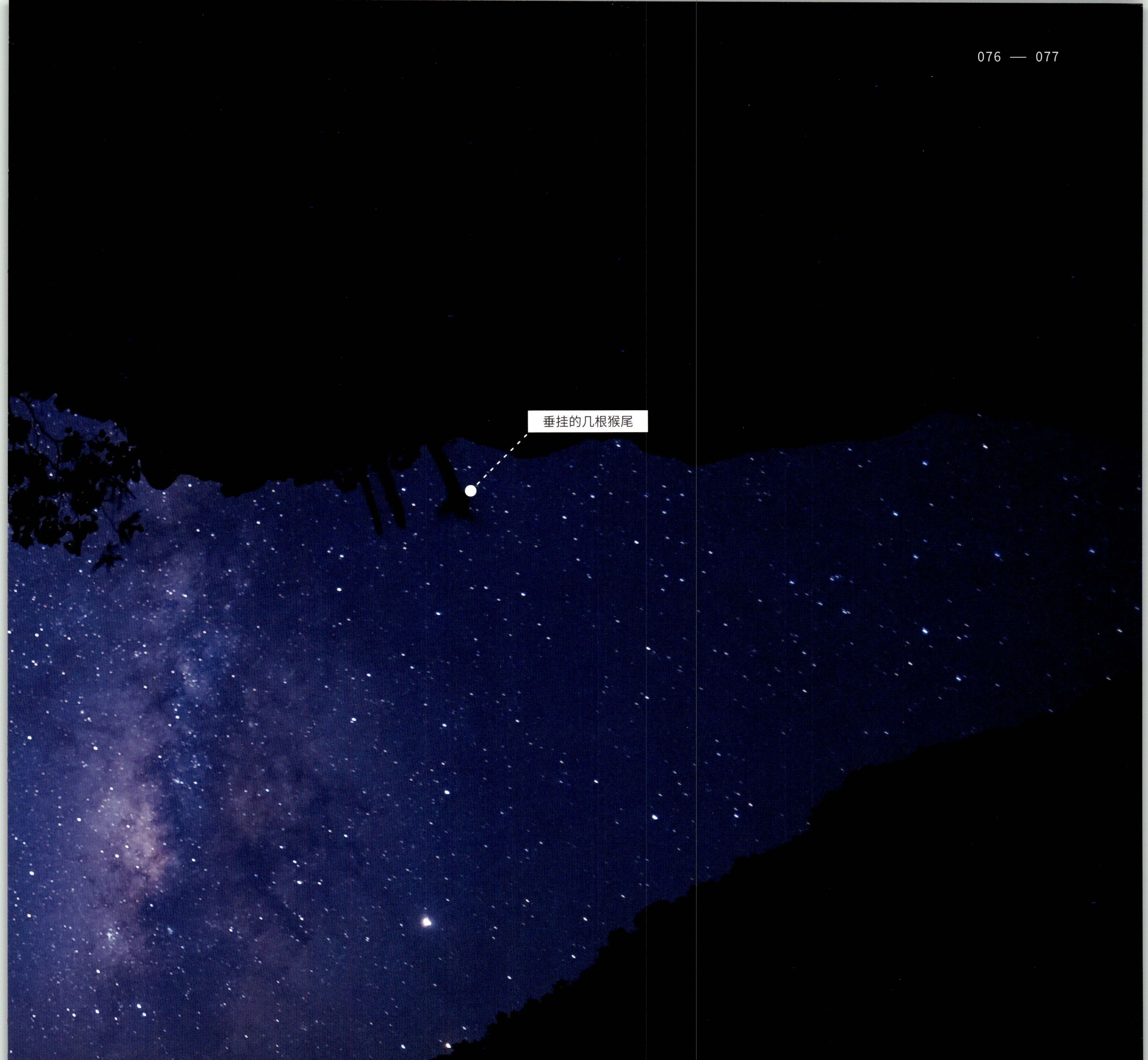

2016 年 09 月 28 日　　星期三　　天气晴朗

夜晚，我独坐在研究基地的露台上，静听弄官山秋夜的声音。

突然从南未名湖的湖边传来了一只大猫头鹰低沉的“Boo，Boo”声，紧跟着又从更远的树丛里边出现了“Boo，Boo”的回应，此起彼落相互呼唤了许久。

凌晨时分，我扛起摄像机悄无声息地摸索到白头叶猴的夜宿地下面。FJC 大洞的白头叶猴全家熟睡在夜宿洞口的边缘上，垂挂下来的几根猴子尾巴在洒落下来的星光中时不时微微摆动。梦中的它们并不知晓，头顶浩瀚无垠的夜空中，那条古老、遥远而神秘莫测的星河，一直在见证着弄官山的变迁，也见证着白头叶猴的演化历史……

封春光

小型食虫鸟类混合聚群

9 月，闷热潮湿的夏季一经结束，天气就转向干燥与凉爽。冬候鸟陆续抵达。

研究基地内经常看到 9 种以上的小型食虫鸟类混合在一起活动。它们组织松散，在一起进行短时间的活动，组成成员常常变换。我们把这种临时集结的鸟群称为“混合聚群”，有别于由单一鸟种集结的“单纯聚群”。

“混合聚群”的活动对群中一种（或几种）参与的物种有益，而对另一种（或几种）参与的物种既无益又无害，它们这种共生关系就是“偏利共生”。下面是一次“小型食虫鸟类混合聚群”典型活动的野外观察日记。

野外工作日记

时　间 2018 年 10 月 15 日

野外观察人员 梁祖红

09:55 一阵“叽叽喳喳”的喧闹声响起，没一会儿，一群鸟儿从篮球场方向往老基地竹林奔来。来到近处才看出，这是一队“混合聚群”。

09:57 灰眶雀鹛跳跃着飞在小鸟群的最前面，一边觅食一边鸣叫，有 13—15 只；还有 8—9 只白腹凤鹛紧随其后，在林间上下跳动觅食。

09:58 5 只白喉扇尾鹟在枝条上来回不停地跳动炫耀，一会儿飞到鸟群最前面，一会儿又落在最后面，尾羽一会儿翘起张开一会儿合拢放下，好像不知疲倦似的，一直跟着混合聚群移动。

09:59 在小鸟群靠近下方的位置，6 只红头穗鹛跟着小鸟群边移动边在枯草上寻找食物；2 只黑眉柳莺和 1 只黄眉柳莺也随着混合聚群在树枝和藤蔓间穿梭觅食。

10:03 有 2 只极北柳莺，其中 1 只捕到了 1 只螽斯后飞到树干上吞食；1 只双斑绿柳莺落在银合欢的干豆荚旁；另一只黄腰柳莺则抓紧潺槁树的小枝条四处张望；2 只纹胸巨鹛落在葛藤的花丛间寻找食物。

10:05 1 只栗头鹟莺跳到山柑藤的枝条上，上面的蛛丝不知是否有猎物；1 只方尾鹟落到枯枝上展开了一下尾扇，估计想与白喉扇尾鹟比试一下。

10:05 2 只欢快的雄性黄腰太阳鸟，身披鲜艳的羽毛，像红色的小飞弹在小鸟群中穿梭而过，飞落到寄生在构树上的广寄生的花丛上吸食花蜜。

10:42 混合聚群觅食结束，之后慢慢分散开了。

▲ 灰眶雀鹛

▲ 白腹凤鹛

▲ 红头穗鹛

▲ 白喉扇尾鹟

▲ 黑眉柳莺

▲ 黄眉柳莺

◀ 方尾鹟

▼ 混合聚群能够壮大声势，可以减少被猛禽捕食的概率

▲ 黄腰柳莺

▲ 极北柳莺

▲ 双斑绿柳莺

▲ 纹胸巨鹛

▼ 栗头鹟莺

▲ 黄腰太阳鸟

这个混合聚群记录到的共 13 个鸟种，我们根据混合聚群中每种小鸟所占的数量比例和它们在弄官山居留时间的长短，以及每种小鸟在混合聚群中所发挥的作用，把它们区分为 3 类：核心鸟种、附属鸟种和临时鸟种。

第一类：核心鸟种

数量最多也最重要的是灰眶雀鹛，它们具有自我维持在一起的社会行为；当它们单独结群活动的时候，内聚力由起伏拖长的尖叫声来保持。由于它们的天性十分活跃，不安静地跳跃与连续地鸣叫，使它们成为这个混合聚群的核心而吸引其他小型食虫鸟种加入。

数量占第二位和第三位的分别是白腹凤鹛和红头穗鹛，它们都是性情活泼的小鸟，经常结小群活动于树冠的中低层。

白喉扇尾鹟占第四位，它们快速跳跃的特性大大增加了混合聚群的吸引力。

如果把这四种食虫小鸟加在一起，共 32—35 只，约占全体数量（45—48 只）的 72%；同时，它们全都是常驻弄官山的留鸟，它们成为这个鸟群的核心，自有其先天相互适应与合作的基础。

第二类：附属鸟种

它们大都是一些单独活动的小型食虫鸟或是在冬季期间由北方迁移过来的鸟种，如几种柳莺、纹胸巨鹛、栗头鹟莺和方尾鹟，它们数量少，出现在核心鸟群活动区域的周围时，因为被核心鸟群喧闹的鸣叫吸引而加入到混合聚群之中。

第三类：临时鸟种

黄腰太阳鸟就属于被临时裹挟进来的鸟种。

混合聚群的小型食虫鸟之间的关系具有偏利共生的性质，这样的社会共生具有 3 个优势：提高觅食效率、增加逃避捕食者的机会和利用炫耀表演来扩大混合聚群的影响。

弄官山小型食虫鸟的种类十分丰富，偏利共生的生态学关系增加了它们的成活率和总体适合度，从而也增加了弄官山生态系统的稳定性。

▶ “外来妹”母女

秋天可口的豆荚

秋季，银合欢和山合欢成熟的豆荚挂满枝头。白头叶猴们从山顶飞奔下来，迫不及待地大快朵颐，享受这个季节的美味营养大餐，而且它们剥开豆荚吃种子的方式还各有不同。不知谁的采食方式最有效？

▲ 长嘴捕蛛鸟

弄官山丰富的食虫鸟类

栗耳凤鹛

红耳鹎

黑枕王鹟

小仙鹟（♀）

黑冠黄鹎（*johnsoni* 亚种）

白腹蓝鹟（♀）

海南蓝仙鹟（♂）

灰山椒鸟

褐背鹟鵙

红隼

毛里求斯的
渡渡鸟和大颅榄树

这是毛里求斯岛上两个物种相互依存的故事。

300 多年前，生长在毛里求斯岛上的渡渡鸟依靠吞食高大的乔木大颅榄树的巨大果实为生。这些果实通过渡渡鸟的消化道时，果皮被消化吸收，同时坚硬的果核被磨薄。当这些果核被排泄出来后，才能萌发出新株。

1699 年，当挪威的海盗登上毛里求斯岛后，在一个世纪之内杀光了这些没有飞行能力的大鸟。此后那些高 30 米，胸径达 4 米的大颅榄树便走上了灭绝之路。今天，残存在毛里求斯岛上的少量大颅榄树，虽然年年开花结果，却无种子萌发。1982 年，经过年轮测定，这些古老的大颅榄树树龄都在 380 年以上，与渡渡鸟灭绝时间相符。

DODO

▲ 生物复原图

树高 30 m

胸径 4 m

DODO TREE

朱背啄花鸟和广寄生植物的“协同进化”

1996年的研究基地，0.7平方千米的范围内总共生长着13棵构树（*Broussonetia papyrifera*），只有2棵寄生有广寄生（*Taxillus chinensis*），难得见到一只黄腹花蜜鸟的踪影。

2016年，构树散布在研究基地各处，我们调查了80棵构树，其中50棵寄生了广寄生，寄生率占62.5%。广寄生不但已经扩散到苦楝树、台湾相思树、榕树、垂柳等乔木，甚至也寄生到一些灌木上。到了秋冬时节，几丛郁郁葱葱的广寄生附着在落叶光秃的枝丫间，它们红色的喇叭状小花肆意绽放，旺盛的生命力给人带来了丝丝的暖意。黄腰太阳鸟、朱背啄花鸟的数量也随之增多，忙碌的身影穿梭在花丛中，使人眼前一亮。

广寄生是如何扩散、附着生长到其他树木上的？这里记录的就是弄官山的“渡渡鸟和大颅榄树”的故事。

◀ 光秃的枝丫间寄生着一丛丛广寄生

野外工作日记

时 间 2014年3月17日－2016年3月

野外观察人员 梁祖红

2014年3月17日

14:27 一只雌性朱背啄花鸟飞落到广寄生的浆果丛上，它来回跳跃、观察。

14:30 朱背啄花鸟雌鸟开始挑选并吞食了2颗广寄生的浆果。

14:31 它又吞食了2颗广寄生浆果。

14:32 这只雌性朱背啄花鸟飞到一株树叶落光的构树上，开始梳理羽毛。

14:37 朱背啄花鸟尾部贴着树干排泄出一串黄色的"念珠"，这串"念珠"被涂抹并粘在了构树的树干上。

朱背啄花鸟离开之后，我记下粘了"念珠"的广寄生枝丫位置。

当我在电脑上放大今天的拍摄照片后，才发现朱背啄花鸟排泄的"念珠"是连在一起的4粒没有果皮和果肉的广寄生果核，果核表面包裹着一层黏液，即"果核念珠"。同时，照片里旁边的树枝上也有不少这样的"果核念珠"。

▲ 朱背啄花鸟（♀）飞到另一株构树光秃的树枝上，开始梳理毛发

▲ 朱背啄花鸟（♀）排出"果核粪便"，并把"果核念珠"涂抹在构树的树枝上

此后，每天观察悬挂在构树树干上那些“果核念珠”的情况。在4月末，“果核念珠”终于发生了变化。

2014年4月29日

被涂抹在构树树干上的“果核念珠”已经萌发成小苗并长出小叶片；另有一些“果核念珠”或因湿度不够或因没有得到树干营养，干枯或掉落了。

附近的树枝上也有同样发芽的植株。

2014年6月1日

这棵广寄生小苗的叶片增多并长大了，被遮盖在构树的绿叶之下。

2014年10月20日

这株构树上今年新萌发的所有广寄生小苗已经显著长高，普遍超过了20厘米；它们的根已经深深扎入构树树皮之中，从中吸取更多的水分和营养，让自己顺利生长。

▼ 叶片长大（2014年6月1日）

▲ 广寄生种子发芽（2014年4月29日）

▲ 小苗长度超过20厘米（2014年10月20日）

▼ 茂盛的新植株（2015 年 3 月）

▼ 新植株长大（2015 年 9 月）

第二年的观察记录：

2015 年 3 月 10 日

构树枝头上那些小植株已经茁壮生长成更长的枝条并长出分枝，变成一株株茂盛的广寄生植株。

2015 年 9 月 20 日

这些新长成的广寄生的枝条相互缠绕在一起，形成了一丛密集的植株。

2015 年 10 月 28 日

弄官山的深秋季节，红色的喇叭状小花在广寄生枝条上盛开，花儿散发出的花蜜香甜，不仅再次招引来吸食花蜜的朱背啄花鸟，还有花蜜鸟和太阳鸟。

▼ 朱背啄花鸟（♂）（2015 年 11 月）

▲ 朱背啄花鸟（♀）

▲ 黄腹花蜜鸟（♂）在喂食幼鸟前吸食花蜜

▲ 黄腰太阳鸟（♀）

▲ 朱背啄花鸟（♀）采食广寄生的果实

第三年的观察记录：

2016 年 1 月—2016 年 3 月

朱背啄花鸟和黄腰太阳鸟都采食广寄生的花蜜和浆果，但只有朱背啄花鸟会专心致志地把念珠状的“果核粪便”播种到构树的树干上。

▲ 朱背啄花鸟（♀）播下更多的种子

▲ 朱背啄花鸟（♀）又来了

相依相存的事实与见证

朱背啄花鸟就是弄官山的“渡渡鸟”，而研究基地构树上的广寄生则是弄官山的“大颅榄树”。

每年，广寄生都会为黄腹花蜜鸟、黄腰太阳鸟无偿地提供它们赖以为生的花蜜，所有吃花蜜的鸟儿在吸吮花蜜时都帮助了广寄生传粉，使其结果。如果这些浆果掉到地上，里面的果核不会从土壤里萌发，因而便毫无用处。

朱背啄花鸟不单采蜜传粉，也以吞食广寄生成熟的浆果为生，当这些浆果被朱背啄花鸟吞食和消化之后作为粪便排出时，浆果皮下的黏液会将果核粪便粘连成串，朱背啄花鸟必须在树皮上蹭刮才能把粪便甩掉，朱背啄花鸟就成功地扮演了园丁的角色——把广寄生植物种子种植到其他宿主的树皮上。朱背啄花鸟“耕耘”出如今许多的“广寄生花圃”，一年四季旺盛生长，成为黄腹花蜜鸟、黄腰太阳鸟及其他小鸟维持生命的生态系统组成因素。

朱背琢花鸟和广寄生共生在弄官山的生物群落中，以协同进化的方式，维持着生态系统的和谐发展与稳定。这是弄官山石山生物群落物种相互依存的典型案例，表明弄官山生物群落和喀斯特丛林生态系统正在恢复。

在弄官山溶洞的堆积物中发掘的野猪牙齿化石，其形态特征与今天仍然生活在弄官山的野猪几乎完全相同；我们还看到有一只很像苏门羚的大型偶蹄类动物仍生活在悬崖绝壁上。它们的存在，是弄官山古老动物群重现的良好见证！

▲ 白头叶猴采食广寄生的花

▲ 白头叶猴采食广寄生的果实

▼ 朱背啄花鸟为自己栽种出越来越多的食物（2020 年冬季）

第七章

暖冬

大群的冬候鸟黑短脚鹎飞来，弄官山瞬时热闹起来，也驱走仅有的一抹冷意。

11 月，北半球的日照时间迅速缩短，随着北方寒潮南下，弄官山进入冬季。

每年这个季节，弄官山的山弄里充满欢声笑语，农民各家各户互帮互助，在田地上挥舞镰刀收获这一年的劳动成果。一捆捆甘蔗送到制糖厂后，全家一年的生活费以及孩子的学费、老人的医疗就有了保障。人们离不开土地，土地能够为我们提供“牛奶”和“蜜糖”。

事实上，所有生命都无法离开生育它们的土地。

▲ 带着喜悦和期待的收获

过去，每年 11 月中旬至次年 3 月末，弄官山的农民通过焚烧把收获完甘蔗后剩下的甘蔗叶和杂草变成肥料。田野里的熊熊的大火蔓延到山脚下，把坡基裙中的部分植被也烧成了灰烬。这种生产方式毁灭了白头叶猴的“牛奶”和“蜜糖”，成为另一种蹂躏弄官山生命世界的力量，每年一度重复着把野生动物推到了十分艰难的境地。幸好，嶙峋巨石和绝壁还能阻挡人类的砍伐，也使野火在此止步，峭壁上的洞穴成为野生动物最后的避难所。

▲ 注视山下的白头叶猴

▲ 焚烧甘蔗叶和杂草

▲ 坡基裙

亚洲豹猫（*Prionailurus bengalensis*）

2018 年 1 月 6 日 傍晚，当看到一只亚洲豹猫进入我们储放柴草的空房后，我们便悄悄地安装了红外照相机，希望能观察、记录它的活动。

昼伏夜出的豹猫，白天在屋外的树荫下晒太阳小憩，或钻在柴草堆上睡大觉；傍晚则外出猎食，直到黎明前才返回来。

亚洲豹猫，在其棕黄色的毛被上布满了黑褐色的斑点，格外漂亮有神，就像一只小型的豹子，这就是"豹猫"名字的由来。总体上，豹猫外形似家猫，但要大些，尾巴也粗大很多。它最显著的特征集于脸上，有四道黑色纵纹平行分布在两眼内侧，其间再夹着两道从前额向背部延伸的白色纵纹。

弄官山的豹猫平时都居住在野地里，为什么现在要与我们为邻呢？这与 1 月份弄官山环境的变化有关。当农民焚烧甘蔗叶的时候，赶跑了田间的老鼠，这对老鼠来说，失去了家园就意味着恐惧与饥饿；对于豹猫来说，也意味着找不到食物。豹猫为了吃饱肚子，便跟随老鼠寻到了我们的柴房。这是一件很普通的事情，但却为我们提供了一个难得的研究机会，让我们看到"独居的"亚洲豹猫社会关系中不同凡响的细节。

亚洲豹猫的生存环境是相对封闭的热带雨林中，它们凭一己之力就可以捕捉到小型的猎物；同时依赖小型的洞穴或树洞逃避敌人的追杀，并为后代找到安全的巢穴。因此，亚洲豹猫的社会结构简单，一年之中除了求偶的短暂数日，其余时间母亲与幼仔一起过着短期的母幼家庭生活。

▲ 雌性豹猫"美美"

▲ 雄性豹猫"壮壮"

▲ 3 月龄的豹猫很警惕

野外工作日记

时　间 2018 年 1 月 28 日－2018 年 3 月 31 日

野外观察人员 潘文石、梁祖红、顾铁流、封春光、杨颜萍

2018 年 1 月 28 日 19:40，住在柴房的雌性豹猫“美美”在柴房外大声呼唤，并释放它的体味，很快便把一只雄性豹猫“壮壮”招来了。“壮壮”的毛色偏灰，没有“美美”的那么鲜艳。

2018 年 1 月 29 日 21:00—23:00，“美美”趴在柴房的地面上翻滚撒娇，“壮壮”在一旁耐心地等待。它们每间隔 10—20 分钟交配一次。

2018 年 1 月 30 日—3 月 24 日，“壮壮”离开，“美美”独自生活，白天常常卧在柴房外面的树枝上晒太阳，天黑之后四处游荡捕猎。

2018 年 3 月 25 日，“美美”的肚子已经膨大起来，行走迟缓，尾巴末段总处于向上弯曲的状态。

2018 年 3 月 29 日—30 日，未拍摄到“美美”的踪影。

2018 年 3 月 31 日 11:00，“美美”叼着一只新生婴儿爬上屋角堆砌的柴草垛上面，我们看到“美美”已经在干草上面做了一个窝。两分钟后，又记录到“美美”叼着第二只婴儿进入干草窝。（根据对“美美”活动日期的记录，我们推算“美美”的孕期为 62 天）

傍晚，我们第一次看到了豹猫不同凡响的助家行为。

19:00—19:37，“壮壮”叼来了一只约半斤重的鸡放在“美美”产仔窝下面的地上，并在一旁守护。

19:45，“美美”离开产仔窝下到地面，赶走“壮壮”之后独自进食鸡肉。

此前，人们认为豹猫是典型的独居动物。除了发情的 2—3 天，其余时间总是独来独往，不与异性接触。但是“壮壮”的这一举动打破了人们的认

▲ “美美”在柴房里建好待产的窝

▲ “美美”赶走“壮壮”

知，表明即使“独居”的雄性，也关心着自己的妻子和骨肉。特别在妻子分娩的初期，母猫既要保护婴儿，又要哺乳，公猫便出手相助了。

豹猫的社会纽带，以母幼为基础。我们把“美美”和它孩子的关系划分为 3 个时期。

▼“壮壮”把捕获的鸡叼到“美美”产仔窝附近

第一时期为婴－幼儿时期：占据生命最初的 28 天。这个时期婴幼儿的身体软弱，不能独立活动，必须依赖妈妈搬运。再细还可分为：

7 日龄之内，婴儿的眼睛未能睁开，安静地待在出生的窝里，紧靠母亲怀抱吸吮乳汁；

10 日龄，眼睛完全睁开，幼仔开始在窝内爬行；

21 日龄，妈妈叼住每只幼仔的颈背，逐一把它们搬运到柴房外边的一个石堆下的洞穴之中，这里便成为抚育幼猫的新家。

▲“美美”的两只可爱猫咪宝宝

第二个时期为幼猫向独立生活过渡的时期：共 17 天（29—45 日龄）。这个时期内，小猫开始出现新的行为：

第一次发出独特的叫声（如麻雀雏鸟的单声鸣叫），频繁地与母亲的颤叫声联络。

第一次（29 日龄）主动走出石堆洞穴，到空旷的地面上活动。

第一次主动找肉吃（38 日龄），会把母亲藏在树叶下的肉找出来。

父亲“壮壮”把猎杀的家鸡送来给孩子；之后“美美”把“壮壮”赶跑，小猫第一次学习拔除仔鸡的羽毛。

▲ 感受到有入侵者靠近的“美美”在草丛呲牙

第三个时期为学习独立生活的时期：共 19 天（46—64 日龄），2 只小猫虽然还向母亲求乳，但已经能够快速奔跑，常常在草地或灌木中间玩耍；能熟练爬树，独自在树枝上长时间晒太阳。在母亲的指导下捕猎，撕扯拔除猎物的羽毛咬食。而父亲经常送来一些猎物（老鼠、松鼠、小鸟和小家鸡，有一次竟拖回来一只约 3 斤重的家兔）；“美美”在此期间，一方面关注孩子的成长，同时也不拒绝“壮壮”为孩子们带来的猎物。

2 月龄的猫仔常常跟随母亲四处活动，偶尔也到我们的柴房，由于没有固定的活动路线，很难跟踪拍摄到它们的活动，但夜晚也会与它们偶遇。

▲ 小猫被蚊子骚扰

▲ 5 月龄的两只小猫在石穴中

▲ 长大了的小猫也会猎杀基地养的家鸡

◀ 长大后的小猫离开妈妈
独自在基地内夜游

冬天的“牛奶”和“蜜糖”

2 月的最后几天，黑翅鸢经常出现在被砍光了甘蔗的田地上空，它们以一种独有的姿势悬停在上空中，专注地盯着地面。刹那间便如箭一样快速俯冲下来，逮住了一只昏头昏脑的老鼠。黑翅鸢并不知道人们为什么要砍甘蔗，但它们却十分清楚，只有等到人们砍完甘蔗，它们才容易找到地上的老鼠。因此，它们就在农民收割甘蔗的时候从远处飞来，那些无处藏身的老鼠就是它们的“牛奶”和“蜜糖”。

不同于黑翅鸢，在这个缺少昆虫作为“牛奶”和“蜜糖”的季节，红尾伯劳的目标则是弱小的同类，出其不意地猎捕疏于防范的小鸟。

▲ 砍完甘蔗的田地里，老鼠很难藏身，黑翅鸢更容易捉到老鼠

▲ 看似老实的红尾伯劳，常常会出其不意地猎捕疏于防范的小鸟，它将捕捉到的小鸟挂到树枝上，撕开成两半，先吃掉其中一半，第二天再吃掉另一半

弄官山的苦楝树春天开花，浆果经过一年的生长，到了冬天，坚硬生涩的绿色果皮变成了金黄色，一串串挂在光秃的枝头上，成为黑短脚鹎的“牛奶”和“蜜糖”。成群的黑短脚鹎整天在弄官山东奔西跑，从一棵苦楝树飞向另一棵苦楝树，或是从一棵银合欢飞到另一棵银合欢赶赴“盛宴”。之后，它们就带着苦楝树和银合欢树的种子散布到更广大的地区，使苦楝树和银合欢成为弄官山热带雨林的先锋物种，促进着弄官山生物群落的迅速恢复。

数千年来，弄官山的 220 多个山峰和悬崖绝壁不仅阻止了人类农业的开发，更重要的是为弄官山独特的热带雨林创造了生存条件。尽管部分洼地被开垦，但坡基裙中留下的许多珍稀动植物，它们顽强地挣扎求生，继续在这片奇特的石山区生存下去。弄官山生物之间相互滋养，它们微妙的关系保护着弄官山的生物多样性。

黑短脚鹎采食苦楝果实

黑短脚鹎和松鼠

▲ 有毒的苦楝树果实却是弄官山生命富有的“牛奶”和“蜜糖”

▼ 逐渐恢复的植被让白头叶猴冬季也不缺少食物

▲ 采食苦楝

▲ 采食斜叶榕

▲ 采食阴香

▼ 大群黑短脚鹎的飞离，预示着春天的脚步又悄悄迈进了弄官山

▼ 白头叶猴又迎来新一年的春天

03

第三篇

PART THREE

白头叶猴的社会活动

SOCIAL ACTIVITIES

我们与它们
日夜相守，如同一家；
得以窥见它们
雌性的世袭领域和雄性的迁移；
它们相亲相爱，分工合作，
一切都是为了族群的延续。

第八章

雌性为中心的家庭和领域特征

▲ 白头叶猴是典型的领域动物，从 1996 年至 2016 年，研究小组把 FJC 区域 3 个家庭的领地及其家园的面积垂直投影计算后得出：每个家庭全年所要守卫的领域的平均面积为 55.9 亩，相当于 5.2 个足球场大小；每个家庭全年的活动范围约 400.2 亩，相当于 37.4 个足球场

白头叶猴的社会结构包含几种形式：家庭群、过渡群和全雄群。

具有繁殖能力的家庭群是以雌性为中心，每个家庭群的领域是雌性世袭；家庭群里只有一只入赘的成年公猴，每只入赘公猴在家庭中一般维持约 4 年一届，然后必须离开，而家庭中的雌性则再接受另一位新的入赘者，我们就把白头叶猴这种固定轮换的家庭叫作“短期家庭”。

以我们主要研究的组群“FJC 大洞群”为例，从 1996—2017 年观察记录到的“短期家庭”有：1994 年（推算）—1998 年 3 月，“缺缺家庭群”，入赘公猴“缺缺”+8 只成年雌性。1998 年 4 月—2002 年 7 月，“阿成家庭群”，入赘公猴“阿成”+6 只成年雌性。2002 年 8 月—2006 年 6 月，“α 公猴家庭群”，入赘公猴“α 公猴”+7 只成年雌性。2006 年 7 月—2012 年 7 月，“印堂小凸家庭群”，入赘公猴“印堂小凸”+13 只成年雌性。2013 年 7 月—2017 年 9 月，“渔翁家庭群”，入赘公猴“渔翁”+16 只成年雌性。

2012 年 7 月，从 FJC 大洞退出的公猴“印堂小凸”带领 13 个儿子、2 个未成年女儿及 3 对哺乳期的母子暂居 FJC 小洞，组成“印堂小凸过渡群”（或称“印堂小凸小洞群”）；2015 年 3 月，“印堂小凸”又从 FJC 小洞退出，带领 14 个儿子组成“印堂小凸全雄群”，临时栖居在研究基地；2017 年 12 月，FJC 小洞群又一次更替当家公猴后栖居到研究基地，我们称之为“基地群”。至 2023 年，“印堂小凸”分群后再度历经更替的“短期家庭”：2012 年 7 月—2015 年 3 月，“印堂小凸小洞群”，3 只成年雌性和公猴“印堂小凸”。2015 年 3 月—2017 年 11 月，“老邪家庭群”，6 只成年雌性、3 只亚成年雌性和入赘公猴“老邪”。2017 年 12 月—2023 年 8 月，“一指禅家庭群”，9 只成年雌性、2 只亚成年雌性和入赘公猴“一指禅”。

▼ FJC 大洞是这群雌性传承的世袭领地

印堂小凸

▲ 当家公猴常常坐在树梢警戒，或叉开两腿露出雄性的特征，或突然奋力摇动树枝，大声吼叫露出巨大的獠牙吓唬窥视者；又或从歪脖子树飞跃而下，飞奔过绝壁，去驱赶试图进入领地的外来公猴，所有的举动都在宣告这里属于他不容侵犯的家庭领域

第九章

繁殖策略：公猴入赘及杀婴行为

白头叶猴的繁殖策略是在雄性个体竞争配偶和雌性个体选择适宜性伴侣的轮回中展开。

对于每只成年公猴来说，能否有机会入赘到一个家庭，其重要的意义并不是涉及公猴自身的生存或死亡，而是关系到这只公猴是否有机会繁殖自身后代的大事。

“占有领域”“短期家庭”及“多代同堂”都是白头叶猴的繁殖策略，是为了在有限的时间之内争取生育更多的后代，以维护族群的延续。

每只入赘公猴任期的 4 年间，一般会生育 2 轮子嗣，当第一批孩子进入青春期的时候，第二批孩子还在哺乳期或刚刚断奶。为了避免家庭中出现两性尴尬的局面，自然选择出来的最佳解决办法就是家庭解体与重组。

由于许多动物的雄性为了赢得与雌性的交配权，不惜冒着付出生命的风险与竞争对手进行全力以赴的战斗。

我们拍摄记录到“印堂小凸家庭群”在解体时，是“印堂小凸”率领“印堂小凸过渡群”自动离开原住地。当时的“印堂小凸”仍处于壮年期，有3个即将成年的强壮有力的儿子，令所有游走在 FJC 外围的公猴望而生畏，即使有入侵的胆量，也没有入侵的力量。那些想入侵的公猴只能耐心地等待机会，等到“印堂小凸”带领儿子们（全雄群）离开 FJC 之后，入侵者就如同走马灯一样轮流来到大洞。它们之间的力量相当，前后有 3 对雄性组合竞争十分激烈，最终由一只被称作“渔翁”的公猴坐收了“渔人”之利，成功地重建了新一届的 FJC 大洞短期家庭。

“印堂小凸”

印堂小凸
渔翁
圣弟
一指禅

◀ 走马灯般轮流来到大洞的公猴，都为了争取一个入赘的机会

▶ “雨妹”的儿子“小 M”正好诞生在 FJC 大洞冢庭群当家公猴替换的时期，入侵公猴的“杀婴”行为不幸落到这只才出生 21 天的幼猴身上

野外工作日记

时　间 2013 年 3 月 31 日— 2013 年 4 月 1 日

野外观察人员 顾铁流、封春光

2013 年 3 月 31 日

傍晚，雨滴轻轻地飘落。“雨妹”抱着刚刚出生 21 天的儿子“小 M”攀上 FJC 大洞峭壁，回到夜宿点。但是，我们发现这个昨天还瞪着一双萌萌的大眼睛的小黄仔，此时却整个脑袋奔拉下来，胳膊和腿都无力地下垂着，眼睛、额头和脸部都有伤痕，从它的眼睛、鼻子以及其他地方流出的血已经凝固，脑门及眼圈周围都泛着紫蓝色——它已经死了！

不一会儿，有几只母猴来到“雨妹”身边探视，伸手去触摸已无气息的小黄仔，其中一只母猴把死婴抱起，而“雨妹”又立即爬到它的孩子身边，注视几秒后贴近并亲吻死去的孩子……一位研究者的泪水已悄悄地夺眶而出。

“雨妹”抱回死去的孩子，带着无比的悲痛来到母亲“平平”身边，它们紧紧挨在一起。“雨妹”眼圈发红，眼睛湿润，它把整个头埋在岩壁的内侧，双手整晚都紧紧地抱着死去的孩子。

2013 年 4 月 1 日

早上，直到母亲“平平”抱着自己的孩子离开夜宿地，“雨妹”才接着死婴跟随其后离开。雨后的岩壁湿滑，使得“雨妹”攀爬时死婴不慎滑落，它马上伸手去抓起；当死婴再次坠落，立刻有其他母猴飞奔而下，抱起死婴摸摸看看；一会儿母猴又放开手，死婴再次坠下，它们马上快速跳下悬崖去捡起。一会儿放手一会儿又捡起，再放手再捡起，如此反反复复放手又回头查看，足足有七八个来回，母猴们似乎都很不情愿舍弃这个可怜的孩子。最后，悲恸的“雨妹”在无可奈何之下看了最后一眼死去的孩子，黯然地跟在族群后面离去……

每隔 4 年，就会有一只外来的成年公猴入主母系间代代相传的领地，代替其前任成为新的当家公猴，牠的职责是为母猴们带来新一代子嗣，保护它们及自己的子女免遭外来公猴的骚扰。入主的新公猴都自私自利，牠首先要谋杀前任公猴留在家庭中尚在哺乳期的幼仔，以便尽快让母猴重新进入发情期，与牠繁殖自己的孩子。这就是白头叶猴与生俱来的繁殖策略。

▼ “渔翁”，FJC 大洞新的入主公猴正坐在巨石顶上眺望远方，脚下是 FJC 大洞群母猴和刚刚诞生的幼仔，牠的 DNA 为这个母系世袭领地带来新生命的同时，家庭的更迭也促进了弄官山白头叶猴种群的延续

白头叶猴社群中的基因流动图

当外来公猴成功入主一个家庭群之后，牠为这个母系世袭领地带来了外来基因，这样的基因流动每 4 年就会在一个白头叶猴家庭群中更新一次。

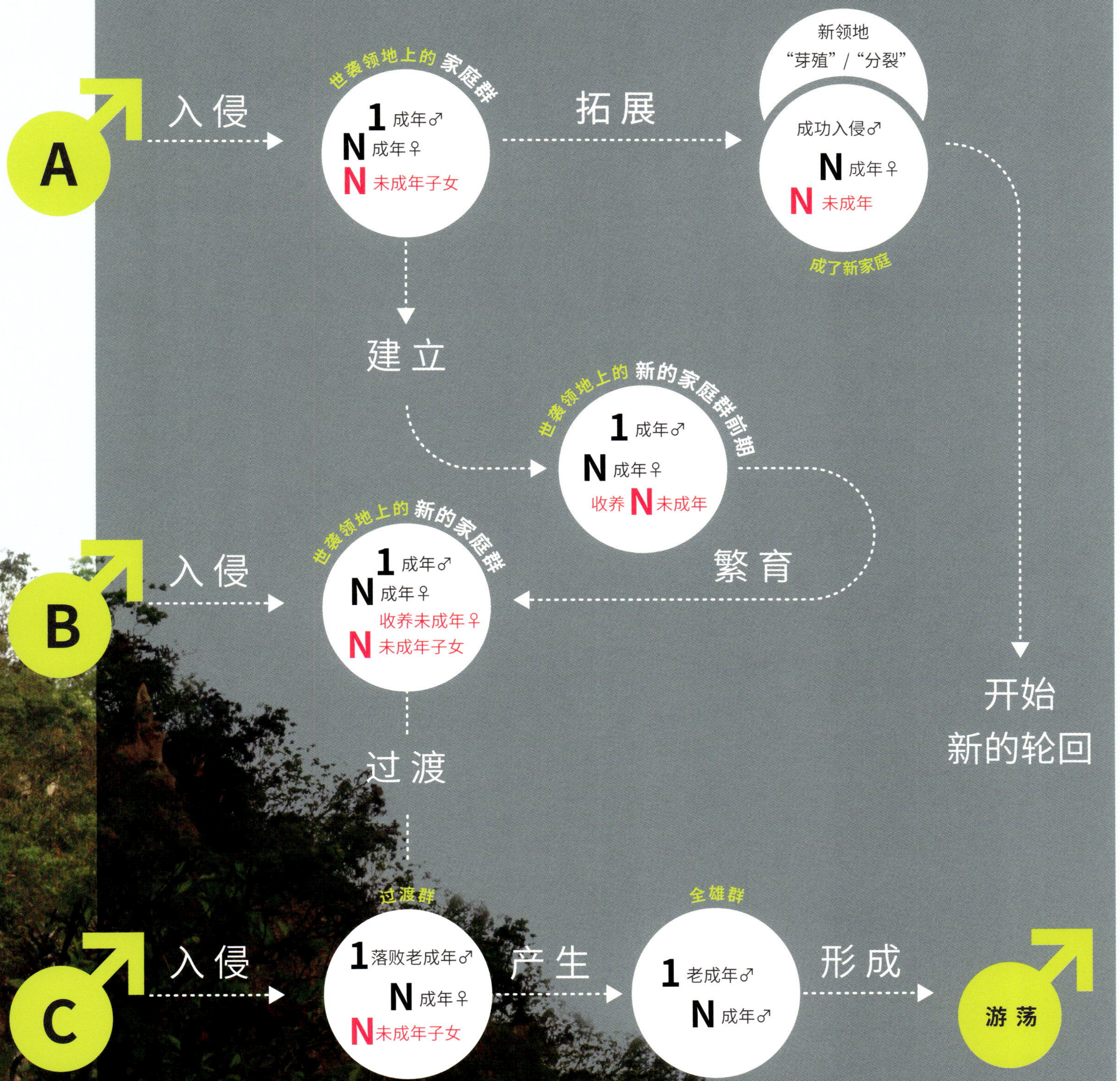

晨起

在山顶停歇

林间午休

采食清香木

夜间睡眠

第十章

昼夜作息

白头叶猴属于昼出夜伏的动物。白天，它们以生长在峭壁周围的树叶、枝芽和花果为食；夜间，它们居住在悬崖上的小裂隙、小洞穴或小台阶上。

经过 27 年的观察记录，我们总结出，白头叶猴家庭每日作息时间会根据一年四季太阳在北半球照射时间长短的变化而做出调整：在严冬日照短的寒冷时节，它们睡得早起得晚；在盛夏日照长的炎热时节，它们则睡得晚起得早。

所有时间里，家庭成员都保持亲密的关系，它们有一套共同的精准日活动规律（以 FJC 家庭群为例）：

06:00 山谷中第一缕微弱的光线出现，白头叶猴醒来（冬季醒来的时间会延后些）。

06:00—08:30 全家在夜宿地附近的树丛、岩壁停歇或做轻微活动：幼仔们在树枝间玩耍，母亲给小幼仔哺乳，当家公猴则坐在凸出的地方瞭望。

08:30—10:30 进入丛林，边移动边采食，猴群全天第一个进食高峰。

10:30—12:00 停止进食，去往午休地。

12:00—14:30（冬季）或 15:00（夏季） 猴群午休。

14:30—17:00 边采食边移动，猴群全天第二个进食高峰。

17:00—18:00 全家直接向夜宿地移动。

18:00—20:00 谨慎而快速地攀爬到达夜宿地。

20:00—06:00 夜间睡眠，中间会有一些个体爬到峭壁边上排尿或排便。

我们有超过上万次或站在或坐在 FJC 大洞下，看着它们每天早出晚归。

白头叶猴和我们人类一样，所有的行为活动都是为了族群的生存和繁衍……

第十一章

生长发育

每年 11 月至次年 3 月，是白头叶猴产仔的高峰期。从出生到长大，白头叶猴个体生长发育及逐步社会化的过程，大致可以分为 6 个阶段。

第一阶段：婴幼儿阶段

出生至 8 日龄之内的新生婴儿，脸上皮肤粉白无瑕，毛色金黄，身体软弱且运动不协调，需要妈妈时刻怀抱携带和哺乳。

从 10 日龄以后，幼仔脸上的皮肤颜色开始变深，至 60 日龄时成为浅棕色，毛色依然金黄，可以在妈妈身边简单地活动。

至 90 日龄，幼仔头上顶冠及鬓冠毛色和手脚背面的毛色开始呈现白色，手指、脚趾变黑色。经常从妈妈身边走开，能够独自灵活地在树上攀爬、跳跃。

第二阶段：从小幼仔向大幼仔过渡的阶段

从 3 月龄开始，小幼仔随着月龄的增长，运动能力迅速增强，长大成为大幼仔（1 岁 3 个月）。

大幼仔的脸部皮肤已从棕色过渡到褐色，头部鬓冠、肩部和手脚背面的金黄色毛被已经变成白色，背腹部和四肢的毛被则呈现棕色、褐色和黑色的混合，更显多彩好看。大幼仔之间常常玩耍打闹，增强与家庭其他成员的接触。

“石石”（2010-12-21 出生）

▶ 2 月的倒春寒让 2 岁 2 月龄的“石石”和弟弟“壹壹”与哥哥们紧紧相拥在研究基地的太阳能储水罐上停歇取暖

第三阶段：少年阶段

1 岁 4 个月至 3 岁 6 个月的少年个体，发冠及鬓毛披肩及四肢部分区域都已被白色毛被所覆盖，从远处观察已是黑白分明的小成体。

少年个体的行为标志：

第一，已经断奶。

第二，寻找年龄相仿的同胞或半同胞兄弟姐妹为伴，在树丛间追逐跳跃，学习生存技能。

第三，少年阶段两个性别的个体行为已经呈现明显的差异。这是一个同辈社会化的阶段：雌性少年个体把全天 20% 的活动时间用于帮助妈妈或姨妈照顾弟弟妹妹；雄性少年个体只用 8% 的时间照顾弟弟妹妹，它们玩耍的时间占全天活动时间的 42%。

“壹壹”（2011-01-02 出生）

第四阶段：青年或亚成体阶段

3 岁 7 个月至 4 岁 6 个月的个体，外形大小与成年个体没有显著的差异，但两性行为的差异进一步扩大：

在守护领域上，雄性亚成体花全天 12% 的时间，而雌性亚成体仅投入 2% 的时间。

在抚育弟弟妹妹上，雌性亚成体投入全天 19% 的时间，而雄性亚成体仅花 0.1% 的时间。

▶ 3 岁的亚成年母猴“岚妹妹”抢到了照顾小弟弟“柏羽”（3 日龄，2018-12-19 出生）的机会，异常兴奋

第五阶段：性成熟的成年阶段

成年雄性的性特征凸显，雌性的性特征——鼠蹊部白色三角区上的斑块明显且终身不变。雌、雄两性的第二性征——牙齿也明显不同。随着 4 年一届家庭的解体，雌、雄两性的孩子们也分道扬镳：雌仔跟随妈妈和姨妈留在原来的领地，而雄仔则跟随父亲离开远走，留在妈妈身边的哺乳期幼仔则会遭遇新入主公猴的“杀婴”。

雄性约 6 岁成年，随父亲离开出生地后，父亲帮助儿子，或兄弟相互帮助，争取入主新的家庭群；雌性则约在 4 岁 6 个月性成熟，然后与每一届入主的新公猴生育后代。

第六阶段：老年阶段

老年雌性在 25 岁左右不再生育，但它们仍然在家庭中发挥着积极的作用。

雄性带领儿子们离开出生地成为全雄群，为儿子争取到入主新家庭的机会之后，全雄群慢慢解体。例如我们跟踪观察到老年雄性“印堂小凸”，在 18 岁时消失了。

1日龄
“萌妹”（2018-08-24 出生）
8日龄
“小夏”（2018-08-14 出生）
27日龄
“萌妹”（2018-08-24 出生）
36日龄
“萌仔”（2020-05-24 出生）
51日龄
56日龄
“藩仔”（2020-05-19 出生）
90日龄
“小山”（2018-09-29 出生）

118 日龄
"藩仔"（2020-05-19 出生）

172 日龄

“柏羽”（2018-12-19 出生）

“岚花花”（2018-05-22 出生）

375 日龄

“小迎”（2018-08-24 出生）

188 日龄

“萌妹”（2018-08-24 出生）

253 日龄

450 日龄

“祺子”（2018-06-01 出生）

766日龄

“007”（2012-05-14 出生）

雄性：白头叶猴成年雄性的体重约 10 千克，头身长约 45 厘米，尾长约 90 厘米。它通常都严肃地端坐在高高的树梢或岩石上，洁白的冠毛和披肩衬托在漆黑色的身躯上格外显眼；再加上其独特的坐姿——总是把双腿分开，故意暴露其生殖器以显示出威武的雄性气概，从大老远便可以让人知道，它所传达的是守卫家园的信号。

成年公猴
“印堂小凸”

雌性：白头叶猴成年雌性的身体外形与雄性的无显著差别。它们有时也会像雄性那样坐在树梢上，叉开两腿显露出雌性才具有的鼠蹊部三角形的乳白色性皮；当它们处在发情期时，这块三角形的皮肤便会变为潮红色，借以传达它们性的信号，这与其他灵长类雌性性皮的颜色随生理周期变化是一样的。白头叶猴雌性三角区的斑块终生不变的特征，已经成为我们对它们进行个体识别的可靠依据。

成年母猴
“迎迎”

18岁
"印堂小凸"（♂），约2000年出生

25 岁
“大黑”（♀），约 1990 年出生
25 岁
“迎迎”（♀），1998-12-15 出生

警戒中的“一指禅”

成功入主的公猴“一指禅”与家庭中成年雌性繁育后代：爸爸“一指禅”时刻警戒着，妈妈们则看护和陪伴尽情打闹玩耍的幼仔们，让它们在有爱的家庭中健康快乐地成长。

第十二章

活动与社交

白头叶猴聚群而居，群体之间或是群体内个体之间的活动形成防御、觅食、抚育及社交等行为模式。

白头叶猴每个个体的每个行为模式的目的都是为其自身的生存和种群的延续带来最大的利益。

守护

戒备

抢抱

爱抚

示威

停歇

觅食

哺乳

玩耍

怀抱

呈臀　交配

喝水

排泄

跳跃

亲吻

拥抱

骑跨

梳理

◀ 二十多年的朝夕相处，白头叶猴与我们亲似家人，彼此之间充满了爱与信任

04

第四篇

PART FOUR

白头叶猴的社会生物学研究

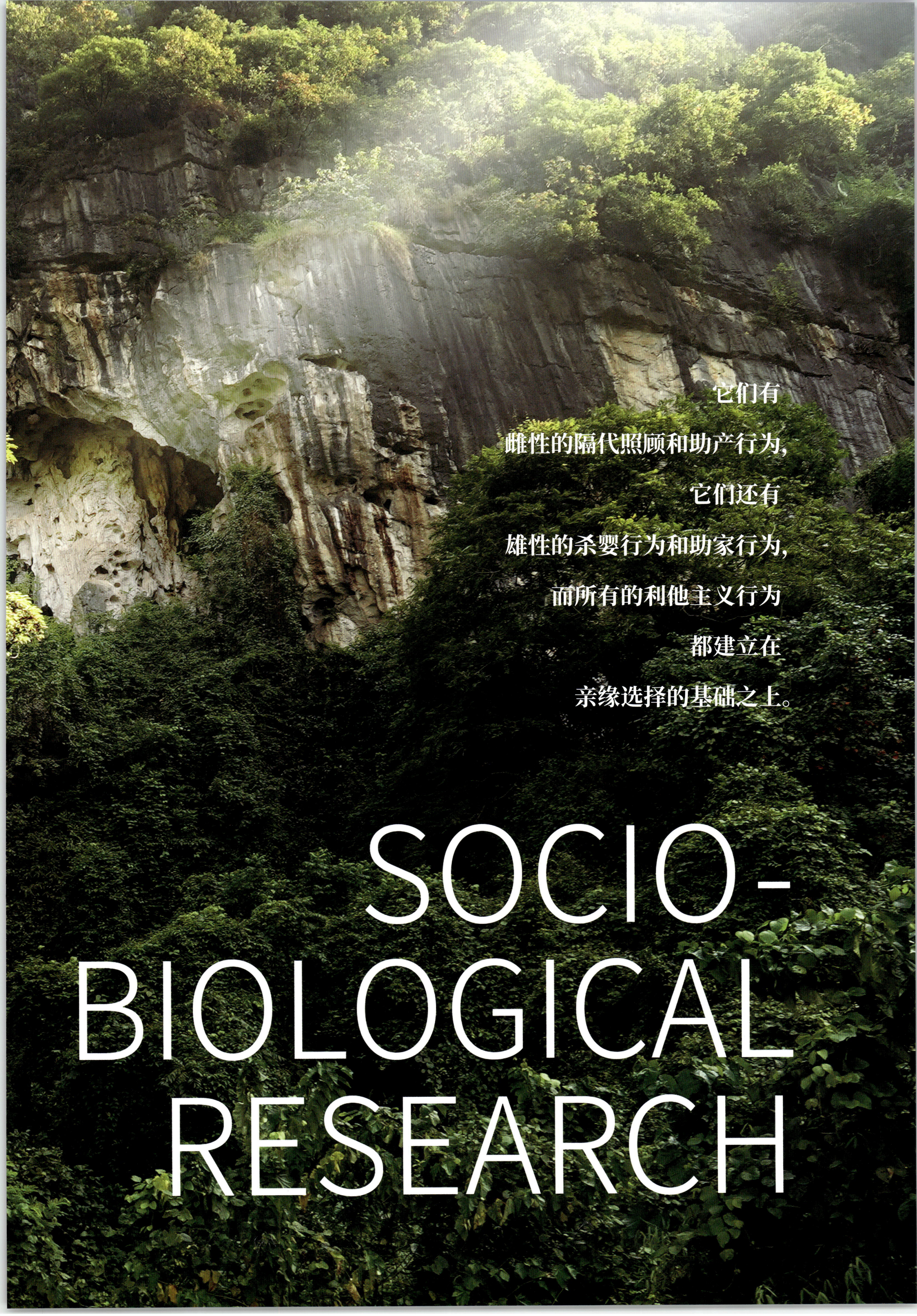
它们有
雌性的隔代照顾和助产行为，
它们还有
雄性的杀婴行为和助家行为，
而所有的利他主义行为
都建立在
亲缘选择的基础之上。
SOCIO-
BIOLOGICAL
RESEARCH

第十三章

多配制

雄性白头叶猴性成熟的年龄约为 6 岁，成功入主的公猴一生只入赘一次家庭，在为期 4 年的“短期家庭”生活中与雌性繁衍后代并保护家庭，与成年雌性的婚姻是一种严格的“一夫多妻”制。

例如，入主公猴“一指禅”与研究基地群的 9 只成年雌性和 2 只亚成年雌性组成了“一指禅家庭群”，前后共生育了 25 个孩子。

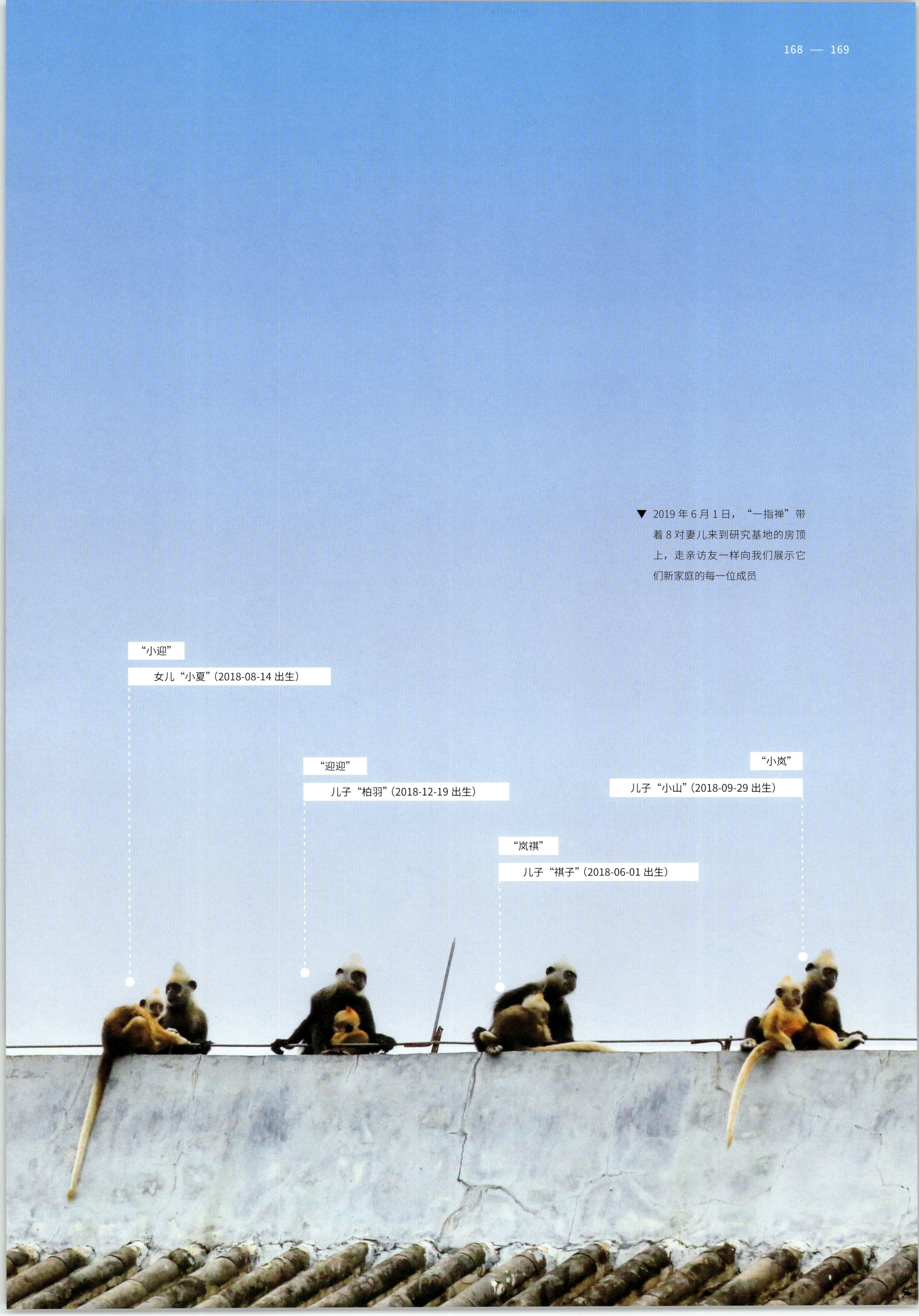

▼ 2019 年 6 月 1 日，"一指禅"带着 8 对妻儿来到研究基地的房顶上，走亲访友一样向我们展示它们新家庭的每一位成员

雌性白头叶猴性成熟的年龄约为 4 岁 6 个月，5 岁开始生育，进入老年停育年龄约为 25 岁。在它们 20 年的生育期中，正常情况下会与 5 位入赘的公猴生育后代，至少经历 6 届“短期家庭”，它们一生的婚姻是“一妻多夫”形式。

例如，FJC 大洞群的成年雌性“假假”1994—2017 年历经的当家公猴分别为：“缺缺”（1994—1998 年）、“阿成”（1998—2002 年）、“α 公猴”（2002—2006 年）、“印堂小凸”（2006—2012 年）和“渔翁”（2013—2017 年），野外观察到“假假”共生育了 9 个孩子，它和它的后代中的 5 代雌性都生活在大洞群的家庭中。

白头叶猴社会的婚配制度为“多配制”。同时，每个家庭都有一片属于家庭中雌性的世袭领地，家庭的雌性无法依靠自身的力量来保卫这片领域，入赘的公猴则承担了守护领地和家庭的责任。这片不可侵犯的领地应当具有悠久的历史，但无人能说清它们的起源。

◀ “白色披肩”形状犹如辫子，我们把它记录为这个亲缘系统的第一代

◀ “假假”与公猴“阿成”的女儿

◀ “岚岚”与“α 公猴”的女儿，“假假”的外孙女

◀ “甜甜”与公猴“印堂小凸”的女儿，“假假”的重外孙女

◀ “雯雯”与公猴“渔翁”的女儿，“假假”的曾外孙女

▲ “假假”的三角区

▲ “岚岚”的三角区

▲ “甜甜”的三角区

▲ “雯雯”的三角区

第十四章

母系社会和雌性抚育

白头叶猴社会关系中，最持久和最牢固的关系是母幼之间的关系。这种关系使雌性成为白头叶猴家庭的核心——外曾祖母、外婆和母亲是家庭的中坚力量。我们以野外记录到的白头叶猴行为为依据，证明家庭中的雌性是如何互相帮助、合力抚养后代的。

▲“岚祺”和 70 日龄的儿子“祺子”
（2018-06-01 出生）

隔代照顾

野外工作日记

时 间 2009 年 3 月 20 — 21 日

野外观察人员 潘文石、顾铁流

2009 年 3 月 20 日

深夜，倒春寒的一场冷雨带来一个潮湿冰冷的夜晚，我和顾铁流带着摄像机爬上树屋。打开强光手电筒扫过大洞夜宿地，看到大洞群白头叶猴大都分散蹲坐在瀑布区上部的几个凹坑里挨着睡觉；靠近下部的一个空间很小的洞穴外，1 只较年长的母猴背朝外趴在洞穴口。之后，每隔 15 分钟我们就用强光手电筒扫射一遍 FJC 大洞绝壁上的每只白头叶猴，看到它们都纷纷蛰伏在各自的洞穴中熟睡。

2009 年 3 月 21 日

黎明前，五更寒的气温低冷得厉害，已 72 岁的我不得不钻到羽绒睡袋中，蹲坐着避寒，同时用小手电筒照了一下睡袋外面的那个小温度计，显示温度只有 3℃。

05:00　按自己多年的野外经验，我预感白头叶猴即将醒来，于是从睡袋里钻了出来，又坐在那张面对“瀑布区”（FJC 大洞右侧绝壁夜宿地区域）的椅子上，轻声地说道：

“铁流，要连续对着最下面的那个小洞穴进行录像。就算看不到动静，也不要把摄像镜头移开。”

“我正在拍摄洞穴那只背对我们的年长母猴，它为什么要将四肢张开来，整个腹部都紧贴在绝壁上？”铁流问。

“我一直都在用望远镜盯着它，刚刚它躬身抬臂的时候看清了它的三角区，是‘岚岚’，已经 10 岁了。5 岁的‘甜甜’是它的女儿，就是 54 天前刚刚生下第一个孩子的年轻母猴，因为小黄仔跟我同月同日生，小梁给它取名‘雯雯’，与我名字‘文’同音。”我接着说道。

“‘岚岚’已经当外婆了，那么这个时候它的女儿和外孙女会在哪里？”铁流问道。

▲ 夜宿大洞瀑布区

▲ “岚岚”趴在小洞穴的外面为女儿“甜甜”和外孙女“雯雯”遮风挡雨、保暖

“我猜说不定就藏在峭壁上这个小洞穴里。”我说。由于“岚岚”背朝外，我们看不到小洞穴里面的情况。

05:17　里面的果然是“雯雯”。“岚岚”直起腰来，坐在小洞穴的边缘上，伸出双手从小石洞里把一只小黄仔抱出来，紧接着，年轻母猴“甜甜”也从洞穴中钻了出来，坐在“岚岚”的身旁。

05:24　“甜甜”从“岚岚”手中接回“雯雯”，然后腾出手来去抓住绝壁上的裂缝，向下移动了七八米的距离。

05:25　“岚岚”也迅速向下移动，来到“甜甜”和“雯雯”的身边。坐定5秒钟之后便引导着怀抱幼仔的“甜甜”，在寒冷湿滑的绝壁上选择安全的路线重新向上攀爬。当遇着难以跨越的危险区域时，“岚岚”都会停留下来帮扶女儿和外孙女一把。

05:30　当家公猴“印堂小凸”早已坐在瀑布区南边凸出的岩石上警戒，1岁的“右缺”骑在爸爸背上。

05:36　大洞1#位、瀑布区的个体醒来后，有的晨间排泄，有的开始向大洞顶上攀爬移动，其中有的带着大仔。

05:40　“岚岚”和“甜甜”母女攀爬到瀑布区一处宽敞些的凹坑处停歇。

06:05　天色已蒙蒙亮，“岚岚”抬头仰望着静静拥坐在瀑布区顶上横裂缝中等待着它的亲人。

06:11　“岚岚”祖孙三代到达瀑布区顶上部，加入家庭群中。

06:28　由1只年长的母猴带头，全家向东南方向的垭口移动。

▲ 妈妈“甜甜”从外婆“岚岚”手中接回女儿“雯雯”

▲ “岚岚”在岩壁上寻找适合的路线，引导“甜甜”攀爬

▲ “岚岚”祖孙三代夜宿的小洞穴

▲ 攀爬途中，“岚岚”总是细心帮助女儿和外孙女

这是一起典型的“隔代照顾”事例。

2009年前，科学家们认为“隔代照顾”行为只存在于人类社会，而在某些大型长寿的哺乳动物中是否存在的问题上还不能确定。而我们这次在黎明前对白头叶猴母女之间行为的科学记录，应当是历史性的，这一意外的发现给研究团队带来了莫大的喜悦和鼓舞。

▶ “甜甜”和50日龄的女儿“雯雯”

助产

野外工作日记

时 间 2013年3月11日

野外观察人员 潘文石、梁祖红、顾铁流、封春光等

当夜幕降临，FJC大洞群回到峭壁上的夜宿地并很快入睡了。但是今夜，却出现了令我们意想不到的一幕。

“雨妹”产前的阵痛

19:00 “雨妹”是FJC大洞群一只5岁2个月的年轻雌性，它正在夜宿地的小石阶平台上不安地重复着这样的动作——时而四肢撑地，头朝下，后腿举向半空；时而全身趴在石阶上，又不安地扭动身体。我们查阅到它的交配日期是2012年8月9日，至今已达214天，比白头叶猴平均的怀孕期（197天）多7天，因此推测，它今夜的举动应当是分娩前的阵痛状态。于是，整个研究团队的成员便分组行动，分别使用摄像机、照相机和红外监控录像设备一齐对准了FJC大洞的猴群。

21:00 “雨妹”的状况仍没有出现一丝缓和的迹象，反而更加痛苦。分分秒秒的等待感觉是那么的漫长，研究团队的焦虑几乎达到了窒息的程度。

21:06 “雨妹”臀部周围终于出现了一些液体向下滴落，表明包裹胎儿外面的羊膜已经破裂。随后流出的羊水越来越多，并沿着“雨妹”后腿的内侧向下流淌。

这一刻，在树屋上的所有人都屏住了呼吸，安静到可以听到挂在潘教授脖子上的计时器的嘀嗒声。时间在分分秒秒地流逝……第一次产仔的“雨妹”是顺利分娩，还是前途未卜？

“雨妹”难产

21:39 当“雨妹”抬起臀部用力的时候，我们从它张开的产道口看到了胎儿因缺氧而呈淡紫色的脸。胎儿还未能产下，“雨妹”已经疲惫无力，不得不趴在绝壁的小石阶平台上休息。

21:40 “雨妹”又一次抬臀，然后回头并转身伸出左手触摸胎儿的脑门。

21:45 胎儿的整个脑袋在妈妈的再次用力下从产道口挤了出来，但双目紧闭、脸色发绀，显露出严重缺氧的状态。

21:46 趴下休息了一会儿的“雨妹”再一次抬起臀部，同时用两只前臂抓住面前的岩壁。“雨妹”处于危险的难产之中，我们看到暴露在产道口的胎儿的肩和两只小手，发绀的脸上，眼睛微微张开了一条小缝，但胎儿仍未能产下，这对它及胎儿都十分危险。

21:47′20″ 当胎儿处在十分危险——可能窒息而死的时候，疲惫的“雨妹”伸出左手揽住胎儿的脖子使劲往外拉拽，但未能成功。

21:47′24″ 这时，坐在“雨妹”右侧距离约2米处的“平平”（15岁）——“雨妹”的妈妈，突然怀抱着自己刚出生几个小时的幼仔，迅速跨过它们之间熟睡的年轻母猴奔向女儿“雨妹”。

21:47′26″ 怀里抱着自己新生儿的“平平”来到“雨妹”身后，左腿跪下，伸出双手握住“雨妹”胎儿的胳膊使劲往外拉拽，终于帮助女儿把胎儿生下了。

21:48 “雨妹”软弱无力的双手扶着岩壁，低着头双腿跪在小石阶上。这时，“平平”一只手抱住自己的婴儿，另一只手搂着湿漉漉的外孙并舔舐其身上的黏液。一会儿，疲惫不堪的“雨妹”才转过身来抓住婴儿的尾巴，开始舔舐上面的羊水。

21:50 当“平平”怀抱两个婴儿起身往右侧移动时，新生婴儿的脐带连同胎盘才从“雨妹”的产道被拽了出来。此时在“平平”身后熟睡的年轻雌猴也醒来了，转过头并伸手想去触摸婴儿。

21:52 “平平”同时怀抱两个新生的婴儿独自向它左侧平移到约 5 米远的另一处石阶时，有一只年长的雌猴来到“平平”身边探视并伸手触摸了一下婴儿。

21:53 “雨妹”来到“平平”和婴儿身边，它没有先去抱自己的孩子，而是开始啃食胎盘，此时有五六只母猴过来探视并试图触摸婴儿。

21:58 “平平”一直抱着两个婴儿直到脐带被“雨妹”咬断。其间“平平”的孩子被旁边另一只母猴抱了约 4 分钟后才还给“平平”。

22:06 “雨妹”吃完胎盘后伸手抱过一个婴儿，但这个婴儿却是“平平”的孩子（也是“雨妹”同母异父的妹妹），母女俩各自抱着对方的婴儿紧挨着休息。（第二天清晨我们观察到它们交换回各自的孩子）

“平平”这一突然出现的举动令我们分外震惊，我们第一次记录到“外婆级别”的白头叶猴帮助自己的女儿成功分娩的实例。

“雨妹”的孩子得救是一桩感人的故事：一只有经验的年长母猴充当了处于难产状态的女儿的“接生婆”，成功救助了自己的女儿和外孙。之前科学家们认为“助产”行为只存在于人类社会，而我们夜间拍摄到这对白头叶猴母女之间的助产行为，这应当是历史性的记录。

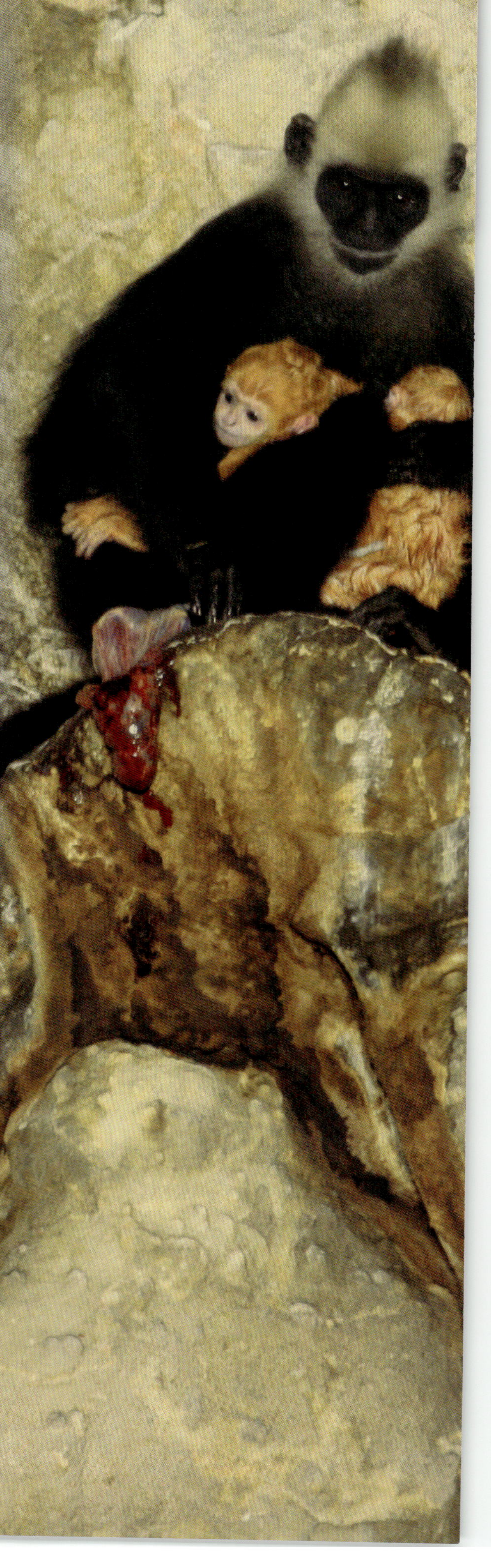

01
02
03
04
05
06
07
08

哺乳

白头叶猴的胎儿一旦出生就必须由母猴哺乳，因此对哺乳期的长短，是研究白头叶猴繁殖力一个重要的参数。下表是我们记录 FJC“印堂小凸家庭群”中出生于 2010 年 12 月至 2011 年 2 月的幼仔“石石”“壹壹”“佳佳”和“初六”4 个年龄相仿的幼仔的性别、出生日期及被哺乳天数。

FJC“印堂小凸家庭群”4只白头叶猴幼仔的出生日期及哺乳时间记录表

幼仔姓名 BABY'S NAME	性别 SEX	出生日期 DATE OF BIRTH	被哺乳天数 LACTATION DAYS	母亲名字 MOTHER'S NAME
Shi Shi 石石	♂	2010-12-21	459	甜甜
Yi Yi 壹壹	♂	2011-01-02	510	亚雨
Jia Jia 佳佳	♀	2011-02-07	428	假假
Chu Liu 初六	♀	2011-02-08	428	小小
幼仔平均被哺乳的天数			456	

每只母猴都会竭尽全力哺育它的幼仔，上表所显示的数据说明一个有趣的现象：2 个雄性幼仔的受乳期长于雌性幼仔的受乳期，多 1—2 个月之久。

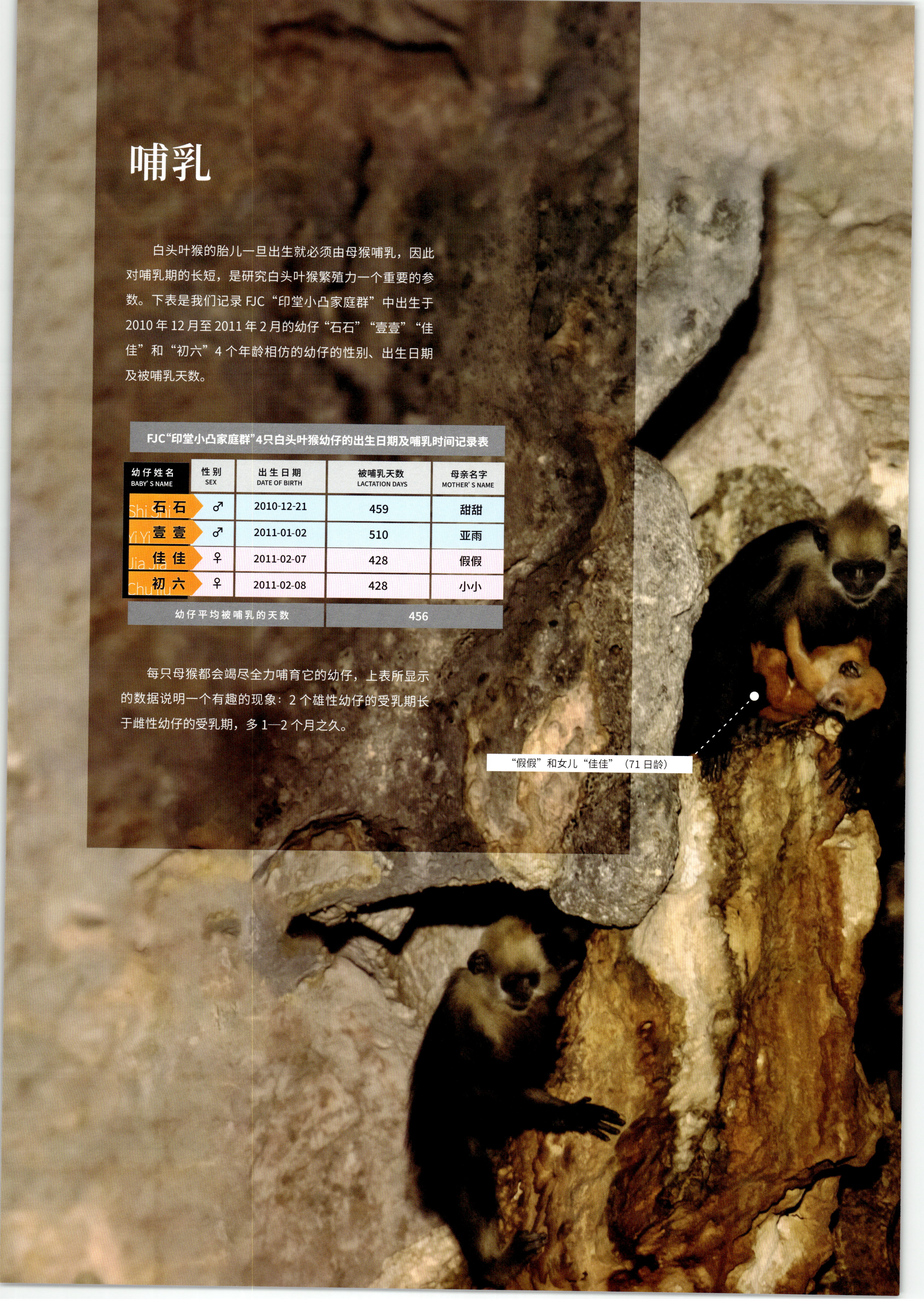

“假假”和女儿“佳佳”（71 日龄）

▲ 2011 年 4 月 19 日晚，4 个母猴怀抱自己的幼仔回到夜宿地 1#位

▶“岚祺”给女儿“艾岚”（2020-01-29 出生）哺乳

▲“迎迎”给儿子“柏羽”
（2018-12-19 出生）哺乳

▲“小岚”给儿子“小山”
（2018-09-29 出生）哺乳

▲“佳佳”给儿子“佳宝”
（2018-09-19 出生）哺乳

家庭中雌性的共同抚育

成年雌性是家庭繁育的核心，它们与家庭群中所有未成年的雌性共同担负抚育幼仔的职责。

雌性白头叶猴产仔之后，初期它也和其他旧大陆灵长类母亲一样，细心地呵护自己的新生儿，几乎不让其他成员接触，但新生儿一出生便会成为这个家庭最关注的对象，因此在大约 1 周之后母亲偶尔会放手给其他雌性照顾。

成年母猴在照顾自己孩子的同时也会帮助照顾家庭中的其他幼仔，而少年和青年雌性都会很积极地前来帮助照顾小黄仔。事实上，这些助家的年轻雌性，不是小黄仔的同胞姐姐，就是半同胞或堂姐、表姐；家庭中未成年的雌性帮助抚育幼仔，会提高整个家庭的安全感和存活率，也让未成年雌性学习了做母亲的技能。

▲“外来妹”怀抱 120 日龄的女儿“萌妹”

▲“外来妹”给 75 日龄的“藩妹”哺乳

▲“藩妈”给 104 日龄的女儿“藩妹”哺乳

▲“藩妈”给 112 日龄的“萌妹”哺乳

▶ “外来妹”同时给 113 日龄的女儿“萌妹”和 75 日龄的“藩妹”哺乳

▲ 1 岁 3 个月大的“南南”和“宁宁”

▲ 其他母猴帮助照顾幼仔移动

这是我们唯一的一次野外记录：2014 年 3 月 23 日，FJC 大洞群母猴“平平”生下双胞胎幼仔“南南”和“宁宁”。母亲无法独自照顾 2 只幼仔，每天的移动和日常中，家庭群里总有其他母猴帮忙一起照顾。

▶ “平平”和它的 1 日龄的双胞胎“南南”和“宁宁”

▼ 母猴们一起帮忙照看玩耍的幼仔们

▲ 两位 3 岁小姐姐看护“柏羽”

▲“佳佳”边觅食边照看 96 日龄的“佳宝”（右）、87 日龄的“小山”（中）和 132 日龄的“小夏”（左）

▲ 2 岁小姐姐“岚花花”照看同父异母的弟弟——29 日龄的“萌仔”（“外来妹”的儿子，2020-05-24 出生）

▲ 小姐姐“岚妹妹”（左）抢抱“优生”（右）怀中 22 日龄的“藩妹”（中）

▲ 3 岁小姐姐“岚妹妹”照顾 15 日龄的“柏羽”

2018 年 10 月 17 日早上 7 点 50 分，突然有外来公猴冲入在研究基地屋顶停歇的“一指禅家庭群”。“一指禅”奋力驱赶外来入侵公猴，而母猴们则立即各自抱着幼仔紧张地藏匿到我们的研究室旁，它们能感觉到我们对它们的友善，研究室是它们安全的避难所。

▲“一指禅”驱赶外来入侵公猴

▲ 母猴们带着幼仔避难

家庭群中年长的母猴很有智慧，有时也会像当家公猴一样为了家庭成员的安全担负责任，比如年长的雌性“迎迎”，会坐在高处为家庭警戒。

▲ 端坐高处警戒的父亲给予了安全感，身边有慈爱的母亲以及哥哥、姐姐给予陪伴，幼仔们就在这样有爱的家庭中快乐长大

第十五章

全雄群和雄性抚育

在群居哺乳动物的社会中，存在一些完全由雄性个体组成的组群，研究者把它们叫作“全雄群”。

全雄群如何进犯和防御其他群体？它们拥有的权利是属于自己的、兄弟间的或是团体共享？已度过了生命旺盛期的父亲还能为全雄群的儿子们做出什么贡献？关于白头叶猴全雄群形成及消失的原因，以及它们会为族群做出什么贡献，在此之前还是一个模糊的问题，研究小组用 10 年不间断的野外跟踪观察并拍摄了大量的录像和照片，终于确认下述三个事实：

第一，每个白头叶猴世袭的家庭，都会在每一届的当家公猴更替之后，产生一个由原入赘公猴及其儿子们组成的全雄群。

第二，亲生父亲是全雄群的核心及领导者，白头叶猴全雄群随父亲生命的结束而消失。

第三，白头叶猴全雄群的社会职能是抚养未成年的小公猴和相互帮助成年兄弟建立家庭，以此促进个体的基因流动，使种群获得延续。

石石

野外工作日记

时　间 2006 年 6 月—2018 年 2 月

野外观察人员 潘文石、梁祖红、顾铁流、封春光等

2006 年 6 月—2012 年 7 月

“印堂小凸”（约 7 岁）入主 FJC 大洞群，组成“印堂小凸家庭群”，家庭成员有 13 只母猴，共生育了 29 个孩子。

2012 年 8 月—2015 年 3 月

“印堂小凸”带领原家庭群中 3 对母幼、2 个女儿和 13 个儿子退居到 FJC 小洞，组成“印堂小凸过渡群”（或称“印堂小凸小洞群”），其间又生育 3 个孩子。

2015 年 3 月—2018 年 2 月

“印堂小凸”带领 14 个儿子组成“印堂小凸全雄群”在弄官山流动。

2015 年 3 月 20 日

山谷笼罩在朝雾之中，在晨曦中醒来的“印堂小凸”突然发出一串公驴般的呼唤声，反复了 3 次，悠远的声浪向四面八方飘荡，让所有居住在 FJC 洼地的生命都能听到。

对“印堂小凸”的儿子们来说，这呼叫声就是它们离家启程的集结号；对“印堂小凸”的妻子们和女儿们来说，这呼叫声就是它们与丈夫、父亲、儿子和兄弟温馨的告别；对那些在 FJC 周边游荡的公猴来说，这声音就是允诺它们入赘的和平告示；对研究者来说，跟踪这个全雄群的迁移和记录它们的社会活动就从此时启航。

▼ 伴着晨光醒来的“印堂小凸”，吹响了奔向生命新旅程的集结号

“印堂小凸全雄群”

“印堂小凸”在 FJC 区域总共生活了 9 年，但从 2015 年 3 月 20 日开始，它带领大小 14 个儿子组成的全雄群要离开了。经验丰富的父亲是这个全雄群的核心，我们把野外观察记录到的“印堂小凸”儿子们，按出生年月顺序分为四批。

第 *1* 批

第 *2* 批

第3批

十一儿"石石"
（2010-12-21出生）

十二儿"壹壹"
（2011-01-02出生）

第4批

十三儿"007"
（2012-05-14出生）

十四儿"旺仔"
（2014-01-16出生）

至2015年3月，"007"2岁10个月，"旺仔"只有1岁2个月，仍需要父亲和兄长的呵护和照顾。

全雄群成员间的亲缘关系，少部分属于同父同母的同胞兄弟，比如"无缺"和"重生"都是"印堂小凸"和母猴"阿针"的儿子；大部分是同父异母的半同胞兄弟，它们都处于生长和发育阶段的不同时期。老大、老二及老三已经达到了性成熟并能独立生活的年龄，但最小的"旺仔"刚刚断奶，仍需要父亲及哥哥们的呵护和照顾才能健康成长。

"印堂小凸"从当家公猴的身份转变为全雄群核心的身份时，对待孩子的态度有天壤之别。在牠作为家庭当家公猴时，对儿女们要求都很严格且从不照顾；但到了全雄群时期，对儿子们却疼爱有加。在寒冷的夜里，我们都看到过"印堂小凸"和大儿子"无缺"如同慈母一样把"旺仔"搂在怀里睡觉。

全雄群里面“印堂小凸”仍是核心，且既当爹又当妈；而兄弟之间也会相互照顾。

▲“印堂小凸”为“石石”梳理毛发

▲“蒙漓”给“旺仔”梳理毛发

▲“印堂小凸”让最小的儿子“旺仔”依偎在怀中

西山
大洞山
FJC
小洞山
小山
房后山
桃花
飞来石
研究基地
“印堂小凸
过渡群”领域
“印堂小凸
全雄群”领域
南未名湖

全雄群的社会生物学职能

我们通过“印堂小凸”的行为，去了解雄性白头叶猴在退出家庭群后继续抚养孩子时必须担负的责任。

全雄群首先需要建立领地。与属于雌性的“世袭领地”不同，全雄群的领地既不是世袭的，也不是永久的，只是一种临时的“短期领地”。

2015 年 3 月 24 日

“印堂小凸”和儿子们早已与研究基地的研究者结下了不解之缘，在“印堂小凸小洞群”时期，它们每周都要来研究基地探访 1 次；到 2014 年的时候，大哥“无缺”带领 11 个弟弟的“无缺兄弟群”常常隔两天就来访，后期几乎是日日来访，对我们已产生了依恋和信任，在研究基地大楼上晒太阳，在屋后的凤凰树上午休，研究基地成了它们安心活动的区域。

“印堂小凸全雄群”离开 FJC 小洞巢域之后便驻扎到研究基地楼顶，把这里作为它们的夜宿地和第一个“短期领地”的核心区域。

2015 年 3 月 25 日

“印堂小凸”坐在飞来石上，一边全神贯注地守卫着属于牠们的短期领地，一边眺望着弄官山。

从研究基地大楼向西南方向 1500 米是弄象洼地，这片洼地周围的绝壁上分别居住着 2 个正处在解体之中的家庭，入赘它们的家庭才是全雄群成年儿子的目标。

2015 年 4 月 14 日

全雄群帮助大哥“无缺”入赘到弄象洼地的家庭中，“无缺”将那里 2 个解体的雌性群体重组且合并成为“无缺家庭群”。

2015 年 4 月 20 日

二哥“左缺”独自离开兄弟群自寻出路，已经成年的三哥“右缺”协助父亲照顾弟弟们。

“右缺”直到四弟成长为能帮助父亲和弟弟的骁勇战士之后才决然离开，一年之后也成功入主并建立了自己的新家庭。

“印堂小凸”父子将入侵的全雄群驱逐出“临时领地”。我们从基因层面上理解“印堂小凸全雄群”的利他主义行为：父子间、同胞兄弟间和同父异母的半同胞之间都有共同的基因，它们都可以为兄弟做出牺牲而获得共同基因的生存机会。

▲ 5 岁的“依灵”帮助父亲警戒

▲ “无缺” “左缺”和“右缺”协助父亲防御，保护弟弟们

▼ 白头叶猴与人类一样，它们也有情感，有爱和信任。20 多年的时光里，我们的生活与它们的生活似乎已经融为一体……

▲“印堂小凸全雄群”在研究基地

2014 年，潘文石因病不得不前往广西医科大学第一附属医院做手术，40 天之后才回到研究基地。就在潘文石刚刚在自己房间坐下休息时，“印堂小凸”的第八个儿子“小六”就来到房间的外面，趴在窗户上与他打招呼。2018 年 4 月 19 日，已经跟随父亲“印堂小凸”离开了故土 4 年的“小六”，竟又独自回到研究基地找他并亲近他……

▲ 2014 年 4 月 28 日，“小六”趴在窗户外看望刚刚出院回来的潘文石

▲ 4 年后，“小六”再度回到研究基地坐在潘文石面前

飞渡弄官山——基因流动

最大的 3 个儿子先后离群，全雄群的进攻与防守力量减弱，“印堂小凸”带领其余的 11 个儿子继续在研究基地盘桓，保护与教养的重担就落到父亲的肩上。好在“印堂小凸”尚处在年富力强的状态，第二批儿子也慢慢成长起来。

“印堂小凸”常常坐在飞来石下凸出的树枝上眺望远处的弄官山，心中暗暗作了一个新的决定——飞渡弄官山，要去为儿子们寻找更多的机会，这也是为了让自己的基因扩散得更广更远。

▼ 离开研究基地前的十多天，“印堂小凸全雄群”每天都来这棵海红豆树上逗留片刻，是爱与眷恋……

2015 年 4 月 27 日清晨，“印堂小凸”和儿子们再次聚集在基地大楼旁边的一棵海红豆树上采食树叶。40 分钟后，听到父亲从喉咙里发出几个单音节的“呃、呃”声，孩子们便紧跟父亲在树枝间飞速跳跃，翻过研究基地破旧蜿蜒的围墙，头也不回地向西南方飞奔而去，真正踏上了改变命运的旅途。

▲“印堂小凸”和儿子们如一股永不回头的劲流，奔向生命的大海，去完成族群的使命……

离开研究基地后，“印堂小凸全雄群”从放牛山南边的坡基裙向南跨过大片甘蔗地到达放哨山，之后再向西南往弄官口，接着向东从弄桶进入弄岜嘎。至此，它们已经花去了 20 天，且实际绕行移动的距离已经超过 60 千米。“印堂小凸”可能预先做了侦查，目标明确，它必须向南进发才有可能找到一群处于解体中的家庭群。

弄官山南部的弄涝洼地与 FJC 间的直线距离仅 6.5 千米，但“印堂小凸”和儿子们每天都必须在弄官山的绝壁与河谷中艰难跋涉，迂回绕行至少 3 千米才能向前推进。

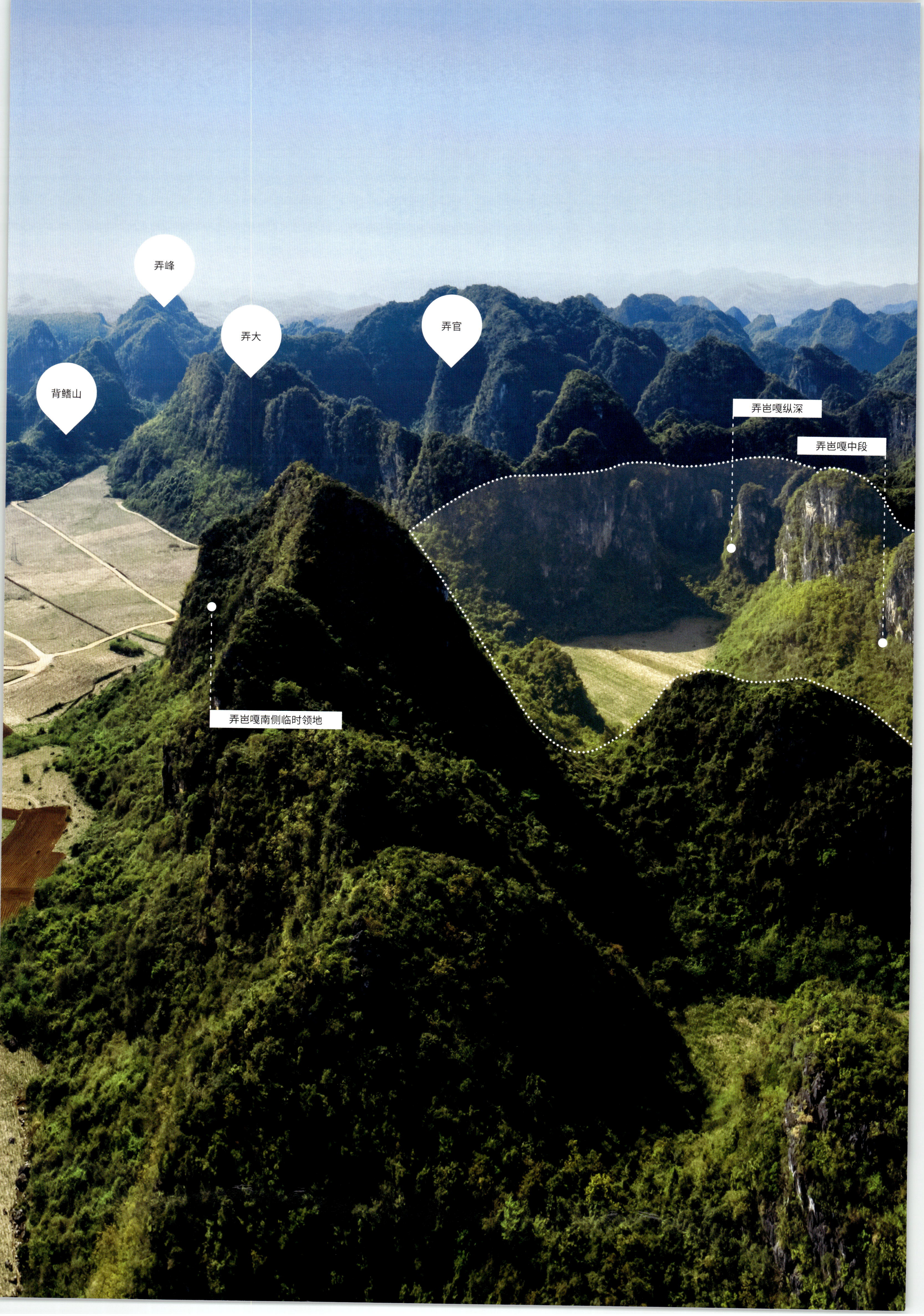
弄峰
弄大
弄官
背鳍山
弄岜嘎纵深
弄岜嘎中段
弄岜嘎南侧临时领地

▲ 驿站——弄岜嘎

“印堂小凸”率领 11 个儿子进入弄岜嘎，这片区域居住着 3 个家庭群，而且当家公猴都正当年，强壮彪悍。“印堂小凸”的儿子们在它们面前就如同一群稚嫩的菜鸟，每次遭遇时都被强势驱逐。为了孩子们的安全，作为父亲必须站在战斗的最前线，在与弄岜嘎的公猴惨烈的争斗中，“印堂小凸”遭受了严重的伤害，生殖器被咬破，皮开肉裂，我们非常担心它会因此丧命，但顽强的生命力又让它康复过来。弄岜嘎的公猴是“印堂小凸”全雄群的真正强敌，“印堂小凸”年龄稍大的儿子老四、老五、老六和老七都受伤了，尚处在青年时期的“石石”也在战斗中受了伤。

全雄群成员之间具有紧密的血缘关系：或是父与子，或是同胞或半同胞兄弟的关系，使它们在基因扩散的过程中，愿意为营救同伴而不顾生命危险进行战斗，并对年幼的弱小成员和受伤个体进行保护。

▲ “印堂小凸”和儿子们在残酷的斗争中受伤流血，但只有拼尽全力去战斗，才能求得新的机会

◀ 通过坚忍不拔的顽强战斗，“印堂小凸”为儿子们争取到了新的临时领地。“印堂小凸”凝望着弄涝 - 弄大洼地对面，看到了儿子们的新希望

▲ 坚持穿越，就能为自己和儿子们找到更多适合的机会

虽然在弄岜嘎残酷的争夺战中，“印堂小凸全雄群”处在弱势地位，但“印堂小凸”依靠智慧与经验，在弄岜嘎高耸的山梁南侧占领了一块立足之地。这处立足点有三个优点。

第一，此处不属于其他家庭的领地，不受当家公猴所侵扰。

第二，此处坐北朝南，北边有险峻的峭壁作为抵御其他公猴的屏障，而南边面对宽广的甘蔗田也阻挡了其他公猴的入侵。

第三，此处向西的直线距离 500—600 米的峭壁，有一个处于解体之中的家庭群，包括 13 只雌性 1 只年老的雄性，这群雌性才是老谋深算的“印堂小凸”不惜流血战斗从弄官山的最东北角跋涉到最西南部的真正原因。

“印堂小凸”从这个立足点向西扩大到弄大谷地，这块地域便成为这个全雄群的又一个临时领地，并且这是一个较为安全的大本营。向西及向西南扩展出去的一片峰丛洼地和峰林谷地，包括背鳍山、弄峰洼地和围绕在弄沙谷地周边的陡峭崖壁，在这里，“印堂小凸”既可以继续抚养年幼的儿子，教导它们学习各种生存技能，又能指导那些日渐成长的大龄儿子走向独立生活。

至 2017 年 10 月，“印堂小凸”共有 5 个儿子——老大“无缺”、老三“右缺”、七儿“汉林”、九儿“重生”和十一儿“石石”成功入主，分别建立自己的家庭群。“印堂小凸”的基因，一部分是由 13 个女儿在 FJC 家庭群和基地家庭群进行传承，而另一部分则由儿子们播散到弄官山各个角落。

白头叶猴社会中基因流动的模式是相当一致的：全部子一代雄性在亲生父亲的带领下离开出生地，以全雄群的姿态跟随父亲进入生命中的“流浪阶段”，最后各自携带家族的血脉加入新的母系群体中。

弄岜嘎口坐南朝北夜宿地

▲ “印堂小凸全雄群”在迁移路上占领和使用过的临时领地

◀ 从研究基地到弄官山深处，我们一路跟随着“印堂小凸全雄群”的脚步……

▲“无缺家庭群”

▲“汉林家庭群”

22° 15'N
107° 30'E

DISTRIBUTION MAP

“印堂小凸”五个儿子家庭群分布图

“印堂小凸”帮助 5 个儿子成功入主新的家庭群，牠们有了各自的领域生儿育女，肩负着完成族群基因传递的使命……

▲“右缺家庭群”

▲ “印堂小凸”带领儿子们驱赶外敌。成功入主家庭群的公猴，都得到父亲“印堂小凸”和兄弟们的帮助

▲ 冲锋在最前带领儿子们驱赶外敌的“印堂小凸”

▲ 帮助守卫的“旺仔”

▲ 帮助守卫的“蒙漓”

▲ 帮助守卫的“石石”

▲ "重生家庭群"

▲ "石石家庭群"

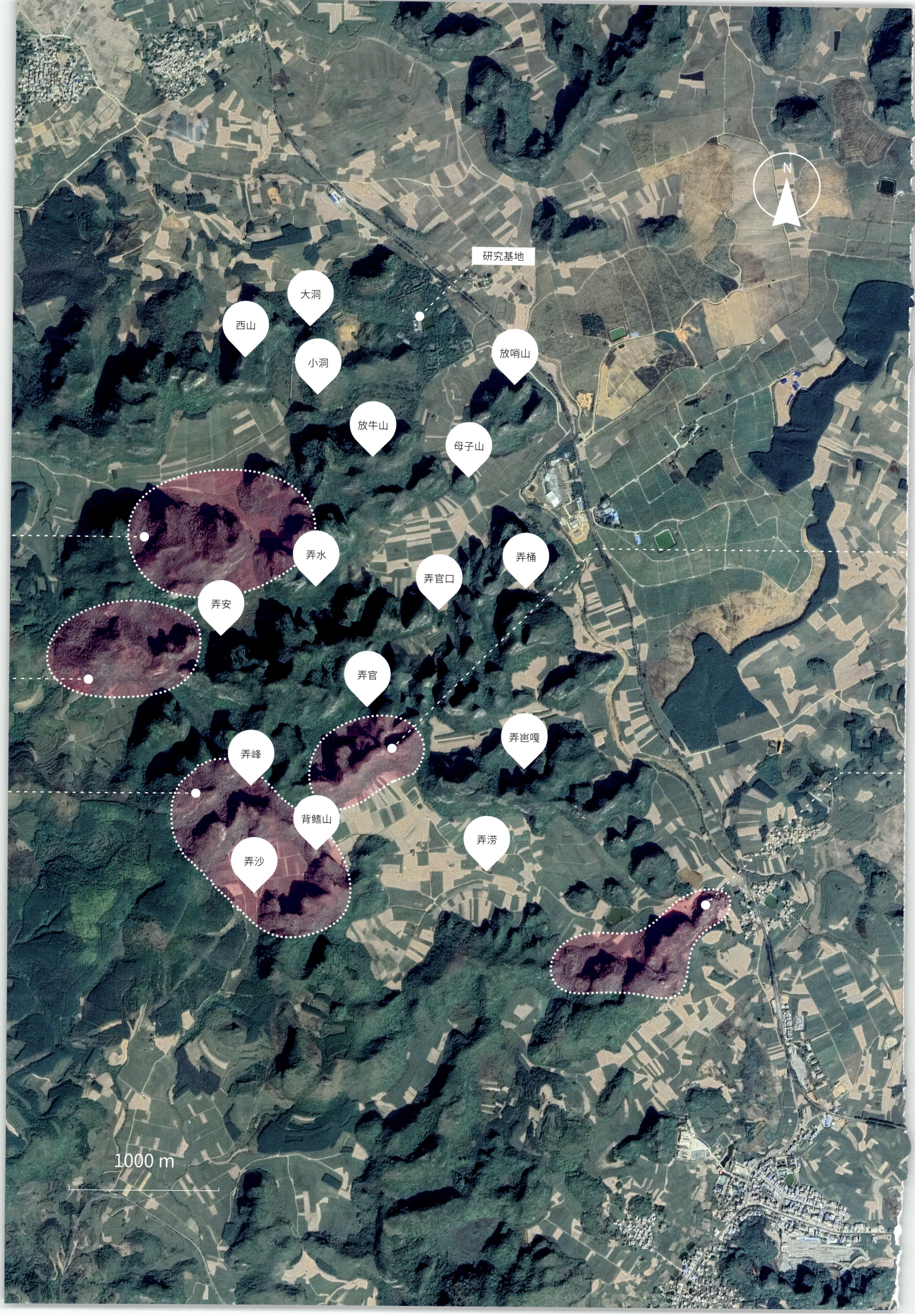
N
研究基地
大洞
西山
小洞
放哨山
放牛山
母子山
弄水
弄桶
弄官口
弄安
弄官
弄岜嘎
弄峰
背鳍山
弄涝
弄沙
1000 m

“印堂小凸全雄群”在弄官山的迁移路线 ▶

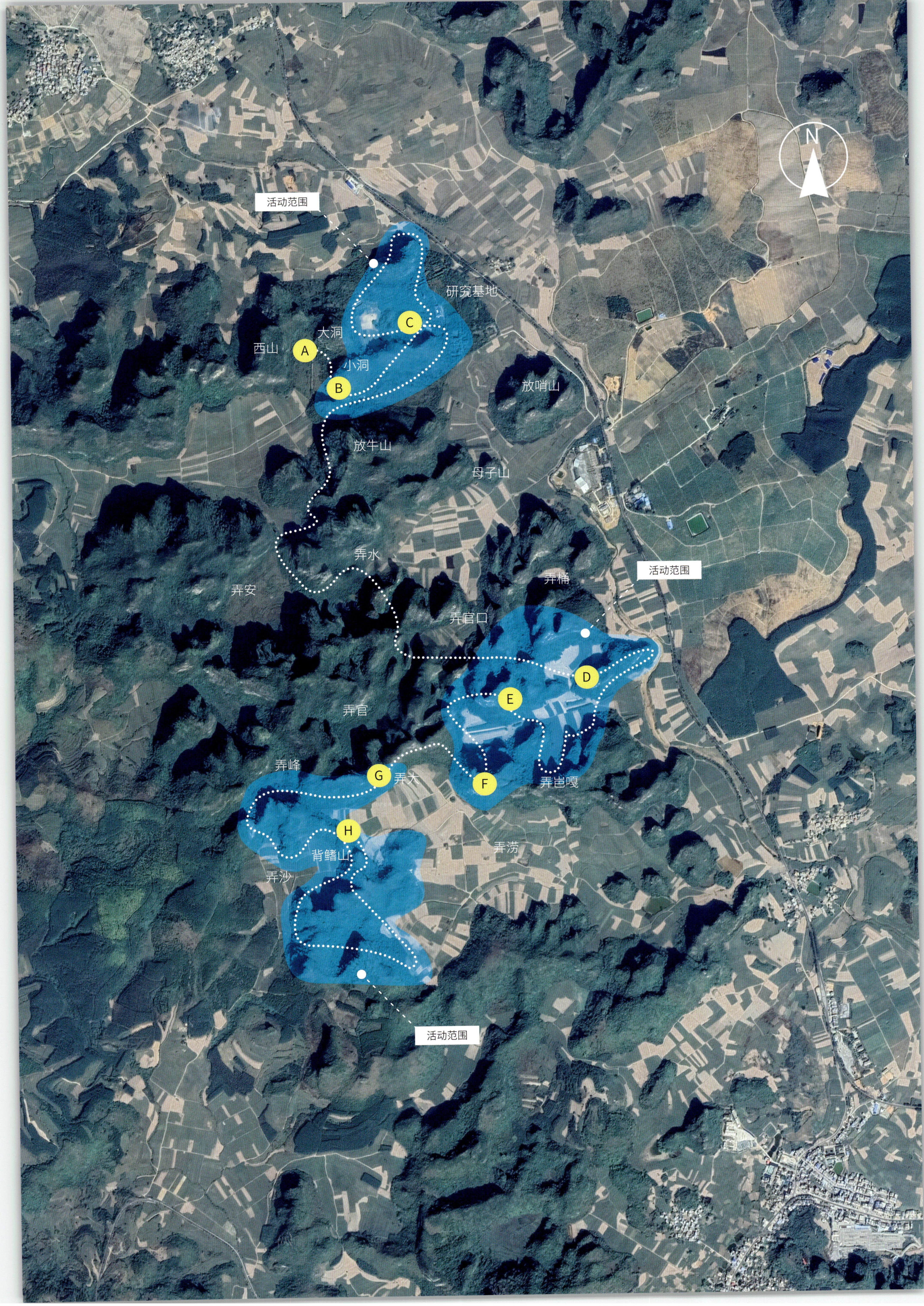
N
活动范围
研究基地
西山
A
大洞
C
小洞
B
放哨山
放牛山
母子山
弄水
弄安
弄桶
活动范围
弄官口
D
E
弄官
弄峰
G
弄大
F
弄岜嘎
H
背鳍山
弄涝
弄沙
活动范围

自行消失的全雄群

离开研究基地后，“印堂小凸”的体质虽然已经过了最强壮的阶段，但依靠智慧和老到经验，依旧在儿子们所组成的队伍中维持着领导地位。

我们主张在基因层面上来理解“印堂小凸全雄群”的利他主义行为，父子间、兄弟间和同父异母的半同胞之间，都有着高频率来自同一血缘的共同基因，“印堂小凸”与每个孩子之间都有1/2的相同基因，而孩子彼此间有1/2—1/4的相同基因，如此密切的血缘关系使它们团结一致、紧密合作。它们都可以为兄弟做出牺牲而获得共同基因的生存机会，从团结合作中相互给予恩惠。

2018 年 2 月 12 日 星期一 天气晴朗

我们在弄涝往弄岜嘎西南侧的垭口下，望见“印堂小凸”独自坐在石峰顶上，它在弄官山的荒野中生活了 18 年，一生英勇，为家人和儿子们殚精竭虑一辈子，是一位非常成功的父亲。但这天以后，我们再也找不到“印堂小凸”的身影，也不知道它去了何处，留给我们的是一段华美的生命故事……

自从“印堂小凸”带儿子们奔向弄官山的各个角落之后，它们的生命才真正实践了更辉煌的价值：不仅是为了自己的生存，还成为族群繁衍更多基因的载体。随着时间的推移，我们发现了越来越多坚强、睿智的“印堂小凸”生命的华美。

05

第五篇

PART FIVE

白头叶猴的未来
弄官山的未来

THE
FUTURE

白头叶猴
在弄官山繁衍了一百多万年，
未来，
弄官山生命之舞
能否如彩虹般绚烂多姿，
亲爱的朋友，
答案在空中飘荡
……

第十六章

“石石”的一生

2010 年 12 月 21 日夜晚，一个可爱的猴宝宝雄仔在 FJC 大洞诞生，取名“石石”。

“石石”的妈妈“甜甜”6 岁 10 月龄，性情温和恬静，处于生育的旺盛阶段，4 岁 11 月龄生下头胎女儿“雯雯”；爸爸“印堂小凸”约 11 岁，彪悍沉稳。

“石石”与姐姐“雯雯”同父同母，姐弟俩的名字是“文石”名字的同音。

“石石”是家里的第十一个儿子，是“团宠”，从小机敏勇敢，尽管一生坎坷，但面对艰险从不退缩，它的生命充满传奇的色彩。

▲ 刚出生的“石石”

▲ “石石”和妈妈“甜甜”

▲ “石石”和姐姐“雯雯”

▲ “石石”爸爸“印堂小凸”

▲ “石石”和妈妈“甜甜”

“石石”的遭遇（一）：死里逃生，命悬一线

野外工作日记

时　间 2011 年 4 月 18 – 19 日

野外观察人员 顾铁流、封春光、杨颜萍

2011 年 4 月 18 日

夜幕降临，“印堂小凸家庭群”返回 FJC 大洞夜宿地。我们打开树屋上的探照灯，对着大洞，仔细观察、记录猴群的情况。

18:50，“印堂小凸”独坐在大洞夜宿地最西边的一棵树上，几个约 3 岁大的孩子和成年母猴“大黑”“阿针”“小小”回到 2# 和 4# 夜宿点，母猴“迎迎”“岚祺”“亚雨”“假假”和“甜甜”各自带着黄仔及其他几只猴子在大洞右侧夜宿地瀑布区岩壁顶上的灌木丛前停歇，准备往瀑布区下面夜宿点移动。

这时，119 日龄（4 月龄）的“石石”离开母亲“甜甜”的怀抱，独自爬到旁边玩耍。突然，一件恐怖的事情发生，一只外来公猴一张嘴，獠牙瞬间就把“石石”背部至左侧腹部划得皮开肉绽，“石石”尖叫一声便倒下昏过去。“甜甜”匆忙跃过来把儿子搂在怀里，手指按住血流如注的创口，怎奈伤口很长，鲜血不断涌出。原来是一只外来公猴悄悄地混进了母猴群中间，而在大洞西侧警戒的“印堂小凸”估计也没有注意到大洞夜宿地东北方向的情况。

“甜甜”紧张地抱着儿子移动到瀑布区下部一个石穴中，整个晚上都把“石石”拥在怀里，手指一直轻抚着伤口。顾铁流把摄像机对着“甜甜”母子，通过屏幕，看到“石石”的头毫无生气地低垂着，身体和四肢都瘫软着，仿佛已经失去了生命的特征。一整晚，所有人都担心“石石”会随时离去。

▼ “甜甜”抱着“石石”，和家人回到了夜宿地瀑布区顶上的灌木丛中

▼ 妈妈“甜甜”整晚抱着奄奄一息的“石石”，手一直按住它流血的伤口

▼ 凌晨，“甜甜”感觉“石石”动了一下，赶紧把乳头贴近它的嘴边，“石石”微微张嘴叼住乳头并轻轻地吸吮

▲ “石石”终于睁开了眼睛

▲ “石石”的伤口暂时凝血了

▼ 姐姐“雯雯”带着“石石”回到夜宿地上方的树丛

▼ 姐姐“雯雯”抱着“石石”回到 $2^{\#}$ 夜宿地后，将弟弟交给了妈妈“甜甜”

2011 年 4 月 19 日

4:00，我们注意到“石石”的尾巴尖极轻微地抖动了一下；半小时之后，它的手指和尾巴又抖动了一次；又过了一会儿，“石石”头部晃了晃，妈妈把乳头贴到“石石”嘴边，它微微张嘴叼住并轻轻地缓慢吸吮。

5:30，“石石”终于睁开了眼睛，尽管是无力地依偎在妈妈的怀里，但终究是从生命的危险期挺过来了……

之后，在妈妈和姐姐的护理之下，“石石”的伤口慢慢愈合，健康也得到了恢复，同时身体逐渐成长起来。

▼ 妈妈“甜甜”抱着“石石”仍住在瀑布区的那个石穴，“石石”的伤口开始结痂

▲ “甜甜”带着“石石”回到2#位，“石石”可以在妈妈身边轻微活动了

“石石”的遭遇（二）：遭遇陷阱，终生残疾

野外工作日记

时 间 2012 年 1 月 15 — 27 日

野外观察人员 潘文石、顾铁流、封春光、梁祖红

背景：“石石”1 岁了，腹背棕黄色毛发，头顶一小撮冠毛还是浅黄色，头部和四肢的毛发已经变白色。正是以“玩耍”作为必修课的少年阶段，它常常从妈妈身边溜走，与同龄的兄弟们结伴探险。

2012 年 1 月 15 日

弄官山寒冷时节的一个下午，“印堂小凸家庭群”正在大洞西侧山脚下进食。

突然听到小猴的尖叫声，我们赶紧寻声前去观察，才发现此处不知何人何时安装了猎捕动物的铁猫，估计“石石”和小伙伴在树枝间跳跃玩耍时，右脚不小心触碰了铁猫，被紧紧地夹住。铁猫被绳子系着捆绑在树干上，“石石”无法挣脱，恐惧和疼痛让它不得不吱哇大叫。

听到“石石”的大声呼救，妈妈、姐姐和其他家人立即赶了过来。它们合力撕扯，拽断了捆绑的绳子，但不会掰开锁住铁猫的弹簧。铁猫上锐利的锯齿牢牢地夹着“石石”的右脚掌，它只能痛苦地戴着这个“脚铐”。

2012 年 1 月 16—19 日

每天，“石石”艰难地拖着“脚铐”活动，妈妈、姐姐总是陪伴在它左右。它无法在树枝上跳跃，只好在丛林下慢慢移动；不能上下攀爬峭壁，妈妈就把它抱在怀里携带着一起移动。

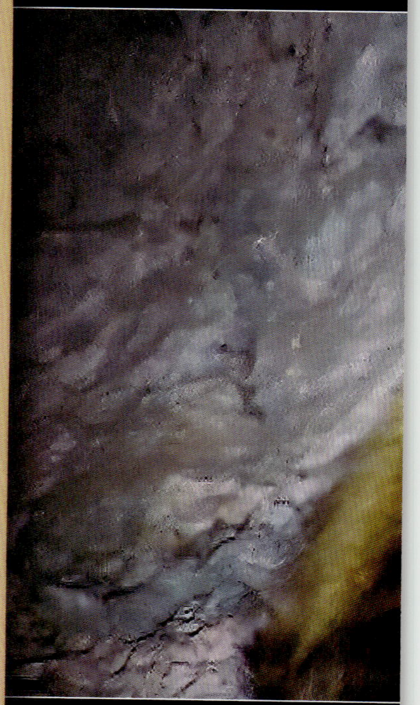

▲“石石”的右脚被铁猫紧紧夹着，伤口不断涌出的血流到岩石上，恐惧和疼痛使它一直在大声尖叫，姐姐“雯雯”在身旁陪伴着它

▲ 再痛再难“石石”也咬牙想尽办法爬上夜宿地

▲“石石”双手抱着右脚痛苦地喊叫

▲“石石”抱着右脚，想用嘴使劲扯掉铁猫

▲ 清晨，“石石”离开夜宿地想往上攀爬，但异常艰难

▲ 妈妈“甜甜”返回，将“石石”抱在怀里，攀爬上绝壁

2012 年 1 月 20 日

今天，4 个被夹的脚趾头前半部分皮肉掉了，露出还有血滴的一截趾骨。

2012 年 1 月 21 日

妈妈抱着“石石”回到大洞右侧中间的石阶停歇。

“石石”被疼痛折磨得明显消瘦了，它疲惫地坐在妈妈身边，铁猫仍夹着右脚；姐姐“雯雯”坐在它左前方；两个既是同父异母的哥哥又是舅公的“右缺”和又是舅舅“蒙滴”以及半同胞哥哥“汉林”也在它身边，全家人都给予它关爱。

2012 年 1 月 27 日

第 13 天，“石石”右脚被夹住的 4 个脚趾，连皮带骨肉已全部溃烂后，最终同铁猫一起从右脚掌脱落。

“石石”终于摆脱了铁猫的束缚，但右脚仅剩下一个孤零零的大脚趾，让它从此成了一只终生残疾的小公猴。

“石石”的 4 个脚趾脱落后，右脚的伤口仍妨碍它攀爬和跳跃，好在天气寒冷，没有诱发伤口发炎，但疼痛使它仍处在半死半活的状态中。随着天气一天天暖和过来，“石石”的伤口渐渐愈合，从脚底到脚背的每条筋肉和每块皮肤也都得到了舒展，原来暴露在外面的骨头被新的皮肉覆盖。

“石石”将如何面对生活中那些随时都可能出现且无法预料的困境呢？未来的生存竞争能否有机会？

▼ 晚上返回夜宿地，疼痛和体力不支都让“石石”寸步难行

▲ 妈妈抱着“石石”越过岩壁障碍

▲ 4 个被夹的脚趾头前半部分掉了，露出还有血的指骨；妈妈疼爱地陪着“石石”在树下停歇

▲ 放大的伤口指骨和铁猫

▲ 夜晚，妈妈和姐姐把带着铁猫的“石石”拥在中间休息

▲ 家人的关爱时时刻刻包围着“石石”

▲ 铁猫掉落 2 周后，“石石”的伤口慢慢愈合

▲“石石”只剩大脚趾的右脚

▲ 2 个月后，“石石”右脚的伤口已经长好了新表皮

"石石"和我们在研究基地的日子

野外工作日记

时　间 2012年11月25日－2013年8月31日

野外观察人员 潘文石、顾铁流、封春光、梁祖红

2012年11月25日

"石石"小小的身躯也开始壮实起来，体力慢慢地恢复了，1岁11月龄便经常随父亲和兄弟们爬到研究基地的楼顶。它顺着栏杆爬到正在观察记录的梁祖红身边，大胆地伸手去触摸照相机，这是"石石"生命中第一次主动与我们接触。

▼"石石"学会了开门

2013年1月13日

中午时分，"石石"和一家人来到研究基地房后山的飞来石晒太阳、午休。

我们也扛着摄像摄影器材快速登上山顶，与它们共处，"石石"丝毫不躲避我们的抚摸。

2013年8月31日

"石石"感受到我们的友好和善意之后，又做出了令人意想不到的举动。

"石石"经常看到潘文石开着一辆越野电瓶车来FJC小洞观察它们一家。这天早上，潘文石刚刚在垭口停下电瓶车，机灵的"石石"立即从路边的树上跳到车顶，然后爬到越野车前面的置物篮，过了一会儿，"石石"干脆坐到方向盘上与潘文石面对面，弟弟"依依"也模仿哥哥，坐到潘文石座位的右边，"石石"把它痊愈的右脚展示在潘文石的面前。

▼"石石"也会开窗

"印堂小凸小洞群"来访研究基地的次数很多，"石石"喜欢观察我们的日常生活行为，透过玻璃窗检视我们的各种物品。一段时间后，我们惊讶地发现，"石石"会模仿我们开门，它跳起来用双手去抓门把手，利用身体下落时的重量压下门把手，然后脚一蹬就推开了房门；"石石"还会推开窗户，弟弟"依依"也跟着学会了，但其他兄弟都不会开门开窗。屋里的其他东西都没有触碰，只有桌子上的2盘葡萄成了它们的目标，想必是把这些当成它们喜爱的野生山葡萄了。

▼1 岁 11 月龄的“石石”调皮地跑过来伸手触碰照相机

▼2 岁 1 月龄的“石石”在飞来石山顶上安心地待在我们身边

▲2 岁 9 月龄的“石石”坐在电瓶车的方向盘上，与潘文石面对面

“石石”的成长

野外工作日记

时　间 2015 年 4 月－2019 年 5 月

野外观察人员 潘文石、顾铁流、封春光、梁祖红

2015 年 4 月，4 岁 4 月龄的“石石”已经是一只黑白分明的小成体，成长中的青年尚缺乏足够的力量，必须跟在父亲和哥哥身边学习。在 3 位最大的哥哥离开了全雄群自立成家之后，父亲便带领“石石”它们 11 个兄弟离开了研究基地，向南边的弄官山进发，走上艰难的生命苦旅。

15 岁半的父亲“印堂小凸”，拥有的生活经历使它足智多谋，经过 2 个月在弄官山的穿越和战斗，在弄岜唛、弄涝一带的峭壁上，父子们成功地找到一个安身立命的“临时领地”。

2015 年夏季至 2017 年春季，“石石”的能力和智慧在迅速增长，它和爸爸、兄弟一起勇敢地战斗，帮助七哥“汉林”和九哥“重生”成功入主建立各自的家庭；同时也帮助爸爸照顾更年幼的弟弟。

“石石”，一只残疾小公猴，在未来的生存竞争中能不能获得机会？

▲“石石”要跟随父亲和兄弟们奔向弄官山

2016 年 8 月 12 日　　星期五　　天气晴朗

上午，我们在弄沙见到“石石”和父亲“印堂小凸”及最小的弟弟“旺仔”正一起坐在山脚的树上采食，我们欣喜地呼唤“石石……石石……”，它立即跳下树枝奔来，坐到我们面前的岩石上，潘文石伸手轻轻触摸“石石”仅剩大脚趾的右脚。

顾铁流

2017 年 10 月 1 日

“石石”6 岁 10 月龄了。

今天，我们在弄涝南部龙腰山的峭壁上看到了“石石”，牠两眼炯炯有神，充满自信地端坐在陡壁上，脸上的五官完全展开来，一副英气勃勃的样子，展示了一只成年公猴的特征。

2017 年 10 月 8 日

“石石”的身边有了3只成年母猴和1只雌性亚成体，其中2只正在向牠呈臀邀配，表明它们已经接受“石石”入赘成为当家公猴，组成“石石家庭群”。

2018 年 5 月 20 日

“石石家庭群”诞生了第一个儿子，取名“小石头”。

2018 年 9 月 24 日

“石石家庭群”在中秋之时降生了第二个儿子，取名“小月饼”。

2017 年 10 月—2019 年 5 月

“石石”的父亲及几位兄弟一直在龙腰山附近的弄涝和奶头山四周帮助牠防御外来公猴的入侵。

▲“石石”的妻子在向牠邀配

▲石石的大儿子“小石头”（左）和二儿子“小月饼”（右）

▲ 6 岁 10 月龄的“石石”，成熟睿智

▲"石石家庭群"的领域

▲ 父亲“印堂小凸”（最前）和兄弟帮助守卫“石石”的领域外围

▲ “石石”奋力驱赶 2 只外来入侵公猴

▲ “石石”警惕地守护着自己的家人和领域

“石石”的遭遇（三）：身心重创，为父则刚

野外工作日记

时 间 2017 年 10 月－2020 年 2 月

野外观察人员 潘文石、顾铁流、封春光、梁祖红

2017 年 10 月—2019 年 9 月

“石石家庭群”只维持了 2 年。其中的主要原因：

第一，一直在“石石”领域附近作为外援守护的父亲“印堂小凸”已 19 岁，尽管聪明睿智，却已经年老体虚，无奈力不从心。

第二，跟随老父亲帮助“石石”的兄弟们，也像 3 位大哥那样，逐渐各自离开去开拓机会。

领地四周时常游荡着虎视眈眈的外来公猴，“石石”在保卫战中虽然勇猛，但也常常受伤。在巨大的威胁压力之下，为了孩子的安全，“石石”不得不退出家庭群，只身带领 2 个儿子离开原家庭领域开始流浪。

2019 年 10 月—2020 年 1 月

我们在“石石”原家庭领域附近寻找了很长时间，都没有找到离开了的父子仨的踪迹，好像消失了一样。

2020 年 2 月

在龙腰山西边直线距离 2 千米的弄桃山，我们终于再次看到了“石石”父子。但此时“石石”的状况让我们震惊、心疼且愤怒，它没了 4 个脚趾的右脚，竟然从小腿的半截以下部位完全没有了！！！这是怎样的大型的兽夹才能硬生生地把“石石”的小腿完全夹断了？受伤的“石石”只能带着儿子躲藏起来疗伤，这应该就是我们找不到“石石”父子的原因！

“石石”的身心再度遭受重创，彻底残疾了！

▲ 右小腿被夹断的“石石”

◀ “石石”父子

漫漫求生路

野外工作日记

时　间 2020 年 2 月— 2021 年 4 月

野外观察人员 潘文石、顾铁流、封春光、梁祖红

“石石”的右小腿断残，它变成只能用两只手和一条腿行走的残缺公猴，但为了抚养 2 个年幼的儿子，它必须力求存活下去。经过了艰难生活磨炼的“石石”变得越加聪明睿智，它依靠从父亲那里学到的经验，选择迂回穿越弄官山西边的石山和平地过渡地带上的坡积裙，坚定地向北移动，这是研究基地的方向，是它出生的地方，也是它生活了 5 年的庇护所。

我们在弄官山地图上，把“石石”父子仨的迁移路程分成两段。

第一段路程，2020 年 2 月—2020 年 3 月 23 日

从弄桃山出发，绕道弄官山西边和北边到达鲤鱼山。

这是一条陌生而艰辛的求生路。夜间，父子仨提心吊胆地在陌生的绝壁上相互依偎；白天，丧魂落魄地避开其他公猴的追杀，甚至跨越光秃的甘蔗地，冒险进入有恶犬的村庄。

▲ “石石”的右小腿被夹断，每天都忍着剧痛舔舐磨破的伤口

▲ “石石”拖着断肢，带着小儿子艰难地爬过木榄山岩壁

▲ "石石"带着 2 个年幼的儿子飞速越过岩壁以躲避攻击

2020 年 3 月 11 日

"石石"和 2 个儿子到达弄官山西部渠布屯西南部的后山。9 岁龄的公猴应该拥有强壮彪悍的身体，但我们眼前的"石石"令人目不忍睹：左眉外翻的皮肉尚未修复表明曾受过重伤；从右眼到右耳轮及整个面部堆积着大大小小的伤疤；最严重的是完全折断的右小腿，肌肉严重萎缩而呈现皮包骨的状态。布满全身的累累伤痕和长时间奔走的疲劳，把"石石"早早变成一个虚弱而苍老的"小老头"了。当我们出现在它面前时，它原本充满忧伤的眼转瞬间便投射出亲切、温和的光芒，它把我们当成亲人放心地让我们抚摸。

2020 年 3 月 18 日—21 日

"石石"父子仨继续往东北方向移动到达板乐屯西南面的小石山。

2020 年 3 月 22 日

"石石"父子仨沿着小石山向东移动到达岜旦屯后山。

▲ "石石"头部受重伤，疼得眼泪直流

▲ 父子仨相依为命的日子，"石石"既当爹又当妈，照顾年幼的儿子

▲ 带着儿子避雨避难

2020 年 3 月 23 日

“石石”父子越过大片甘蔗地到达合江屯北边的公鸡山，然后再跨过一小片谷地到达东边的鲤鱼山。

“石石”父子仨活下来了！经过一个月的艰难跋涉，绕行弄官山西边 30—40 千米的山林谷地，来到研究基地北面直线距离 3 千米的公鸡山。

▲“石石”带着儿子到达研究基地北边的鲤鱼山

第二段路程，2020 年 3 月—2021 年 4 月

从鲤鱼山横跨公路往东，在研究基地东北面一小片峰丛洼地盘桓，最后到达与我们遥遥相望不到 1 千米的白马山。

公鸡山与研究基地虽然仅相距 3 千米，但两地之间缺乏石山和树林的通道，“石石”只好选择取道公鸡山东边的鲤鱼山，此山东面的山脚下是一条七八米宽的公路，公路东边是派石山。

▲ 残缺的身体和艰难的生活让 9 岁的“石石”变得沧桑

“石石”与生俱来的野性——勇敢、顽强、不屈不挠和对生命的执着追求，激发出它的睿智和耐心：“石石”首先蹲守在公路边观察来往车辆，自己尝试了几次往返横穿公路之后，再引导 2 个儿子越过公路和甘蔗地去往派石山。带着残缺的身体和满身的伤痕，“石石”和 2 个幼儿从派石山开始，通过相互连接的石山丛林和甘蔗地，先过小独山，再到宝骏山，而后又转到木榄山，继续寻找回家的路。

大儿子“小石头”性格独立，不给父亲增加负担，还担起哥哥的责任，帮助父亲照顾弟弟“小月饼”，但 2021 年 1 月 15 日，2 岁 8 月龄的“小石头”在研究基地大门外的公路上被车撞晕，醒来后离开就没有再见到它。年幼的弟弟“小月饼”总是紧跟父亲和哥哥，对父亲也十分依赖。

在这片区域盘桓了 1 年多，走过 40—50 千米迂回曲折的路，最后跨过弄由山的坳口踏上了白马山。从这里向西穿过一片甘蔗地和公路，不到 1 千米就是“石石”熟悉的研究基地。

"石石"的遭遇（四）：一步之遥，魂归故里

野外工作日记

时 间 2021 年 4 月 20 — 21 日

野外观察人员 潘文石、顾铁流、封春光、梁祖红

2021 年 4 月 20 日

夜幕之前，"石石"从白马山向西南方向独自穿过公路来到放哨山北面，之后再向北穿过甘蔗地来到研究基地东南角的围墙边。"石石"终于回到它出生的地方，熟悉又温暖，与我们相距咫尺之间。

2021 年 4 月 21 日

早上 7 点多钟，正当"石石"重新穿越公路返回白马山寻找儿子时，不幸被一辆由南向北超速行驶的汽车撞倒身亡，终年 10 岁零 4 个月。

二十多年来，我们目睹了弄官山一段段直击心灵的生命故事："缺缺家族""印堂小凸家族""一指禅家族""石石家族"……

基因万古长流，有始无终，每个个体都是种群基因的载体。从社会生物学的角度来说，"石石"不仅是 FJC 大洞族群基因的一个载体，它的使命更是把上代的基因通过自己传递到下一代。从这个意义来讲，"石石"活在弄官山白头叶猴的今生和未来。

公鸡山
鲤鱼山
派石山
西 山
蝙蝠山
小独山
派石六峰
宝骏山
鲤鱼山
派石三峰
公鸡山
派石一峰
弄由小尖山
天生桥
木榄大白壁
坳口
白马山
大洞
西山
研究基地
FJC
小洞
放哨山
放牛山
弄象
弄安
弄路
弄官
弄岜嘎
弄峰
弄大
背鳍山
弄沙
弄滂
奶头山
弄滂口
弄桃山
龙腰山

▲ “石石”的弄官山生命之旅

利他主义行为
建立在血缘关系的基础上

“石石”父子在颠沛流离的路途上遇到不少公猴，与“石石”没有血缘关系的公猴，不论是当家公猴还是单身公猴，不仅没有表示友好，反而带给它们危险和伤害。但“石石”的亲兄弟们，则会在危难中不顾自身的安危出手相助。

“石石”父子仨在木榄山一带活动时，先后遇到了仍然单身的亲兄弟十二弟“壹壹”和四哥“蒙漓”；每当“石石”父子陷入困境时，这两位兄弟都会伸出援助之手，这就是利他主义行为。不过，我们的野外观察记录显示：“壹壹”和侄子“小石头”结伴过一次，之后就再也没有见到它们俩同时出现过；“蒙漓”则长时间与“石石”父子生活在一起，并在“石石”走后担负起抚育时年 2 岁 6 月龄的侄儿“小月饼”的责任。两位兄弟投入帮助“石石”父子的时间和精力存在显著的差别，这种“利他主义行为”在投入程度上的差别，取决于它们与“石石”之间在血缘关系上的差别。

“石石”与“壹壹”之间的血缘关系指数

①它们从共同的父亲“印堂小凸”的遗传上获得相同基因的概率为 1/4。

②它们各自的母亲不具备相同的血统，不能从母亲的遗传中得到相同的基因，即血缘关系指数为 0。

③计算它们之间的血缘关系指数，应当是父亲给予的相同基因的概率加上母亲给予的相同基因的概率，即 25%（1/4+0）。

“石石”和“蒙漓”之间的血缘关系指数

①它们从共同的父亲“印堂小凸”的遗传上获得相同基因的概率为 1/4。

②它们的母亲虽不同，但它们有一个共祖，都属于“假假”家系，而且“石石”的外婆“岚岚”就是“蒙漓”的母亲，因此“石石”与“蒙漓”之间能够从母亲的遗传中获得相同基因的概率为 1/8。

③计算它们之间的血缘关系指数，应当是父亲给予的相同基因的概率加上母亲给予的相同基因的概率，即 37.5%（1/4+1/8）。

两个个体之间的亲缘关系指数越高，它们之间就会从相互的利他主义行为中获取更多的利益。“石石”父子和“蒙漓”组成一个小型的“雄性组群”，有了“蒙漓”的帮助，“石石”父子不再躲躲藏藏、饱受欺凌，而且还有了自己的临时领地。晚上，“蒙漓”把峭壁上可以抵御风雨的夜宿地让给“石石”父子，自己却住在光裸的岩壁上，为它们站岗放哨。“蒙漓”对小侄子“小月饼”疼爱有加，常常在寒冷的夜间把它搂在怀里睡觉。

▲“蒙漓”和“石石”“小月饼”一起夜宿

▲“小月饼”得到四伯父“蒙漓”的悉心照顾

“石石”的生命还在延续，
它是弄官山生命的象征！

第十七章

荒野家园 生命未来

当猿人还没有进化为智人的 100 多万年前，白头叶猴就已经出现在弄官山并一直生活至今。从 20 世纪中期到 21 世纪初，白头叶猴曾遭受过灭顶之灾，这是它们演化长河中的一段插曲。庆幸的是，幸存在弄官山的白头叶猴已经穿过生存瓶颈。它们是生存竞争中的胜利者，比起同时代许多巨型猛兽都活得更长久。

怎样为它们的未来绘制一幅蓝图？我们需要接受情感、道德和科学的挑战！

▲ 我们的研究小组在 20 多年的研究工作中，也积极参与保护实践工作：阻止偷猎、砍伐山林、开山炸石，石山生态系统的破坏得以停止；为当地农户筹资修建沼气池，帮助修建学校、道路、卫生院，建设饮水工程，改善农民生活质量；提出发展甘蔗生产的建议，增加农民收入；提升农民对白头叶猴的保护意识。最终，弄官山的白头叶猴在逆境中艰难地生存下来并得以繁衍

弄官山白头叶猴种群的复苏

弄官山白头叶猴种群的命运处在风雨飘摇之中，整个弄官山还剩下多少白头叶猴？

1996 年 11 月 18 日—1997 年 1 月 19 日，经过 62 个日夜的野外调查，我们得知弄官山仅存 9 个白头叶猴组群：6 个家庭群（86 只个体），3 个全雄群（19 只个体），总共有 105 只个体。这就是当时残存下来的白头叶猴，它们成为今日弄官山整个白头叶猴种群的奠基者。

弄官山残存的白头叶猴仍是一个健康的年轻群体，我们从每年的种群数量调查统计发现，只要给予足够的时间和空间，它们便能从危机中复苏过来，数量逐渐增长。

白头叶猴的自然庇护所

独产于中国广西崇左的白头叶猴，曾分布在左江南岸 2000 多平方千米的分布区。从 20 世纪 90 年代中期至 21 世纪初始，栖息地的石山森林几乎被伐光，偷猎者几乎把白头叶猴猎杀殆尽。白头叶猴被隔离成 6 个地理种群，最后只剩下 2 片地区还能见到白头叶猴，原分布区里 67%的区域已经不存在白头叶猴了，个体数量也丧失了 78%，剩下 22%的白头叶猴个体残存在 24 平方千米的弄官山和 93 平方千米的弄廪山的石山上。

白头叶猴在自然演化中已经与左江南岸的喀斯特石山结下了不解之缘，它们本可以依靠自然力和自身的繁殖力生存下去，但人类的发展迫使它们必须面对包括人在内的所有物种必须面对的难题：自然栖息地遭受破坏、食物资源日益匮乏、环境污染及遭受猎杀等严重的威胁。

我们研究的目的是保护现有白头叶猴种群，恢复它们曾一度失去的栖息地，确保它们的自然生境和种群生存的安全。

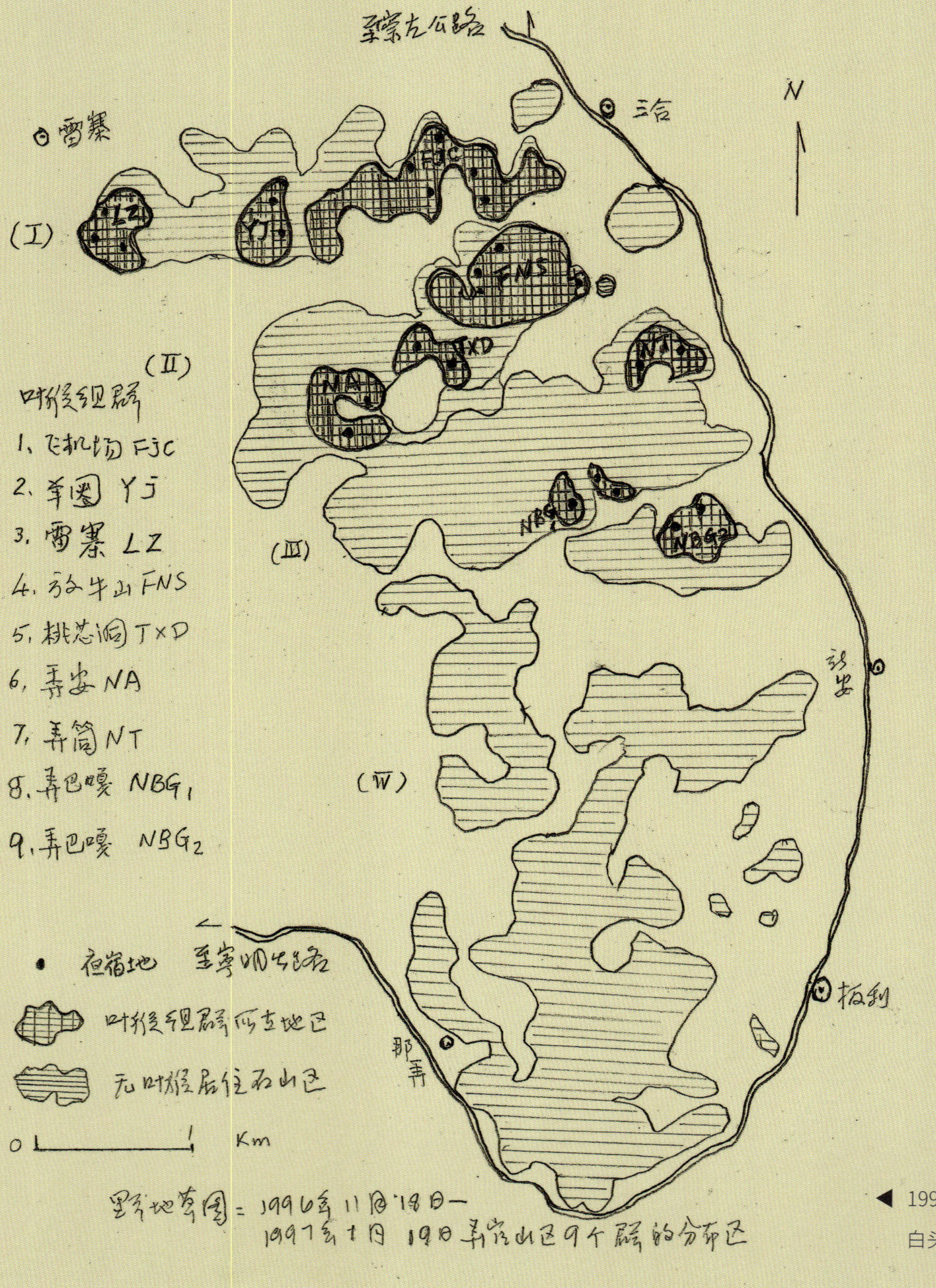

◀ 1996 年 11 月 18 日—1997 年 1 月 19 日，弄官山白头叶猴组群的数量和分布区域（潘文石 手绘）

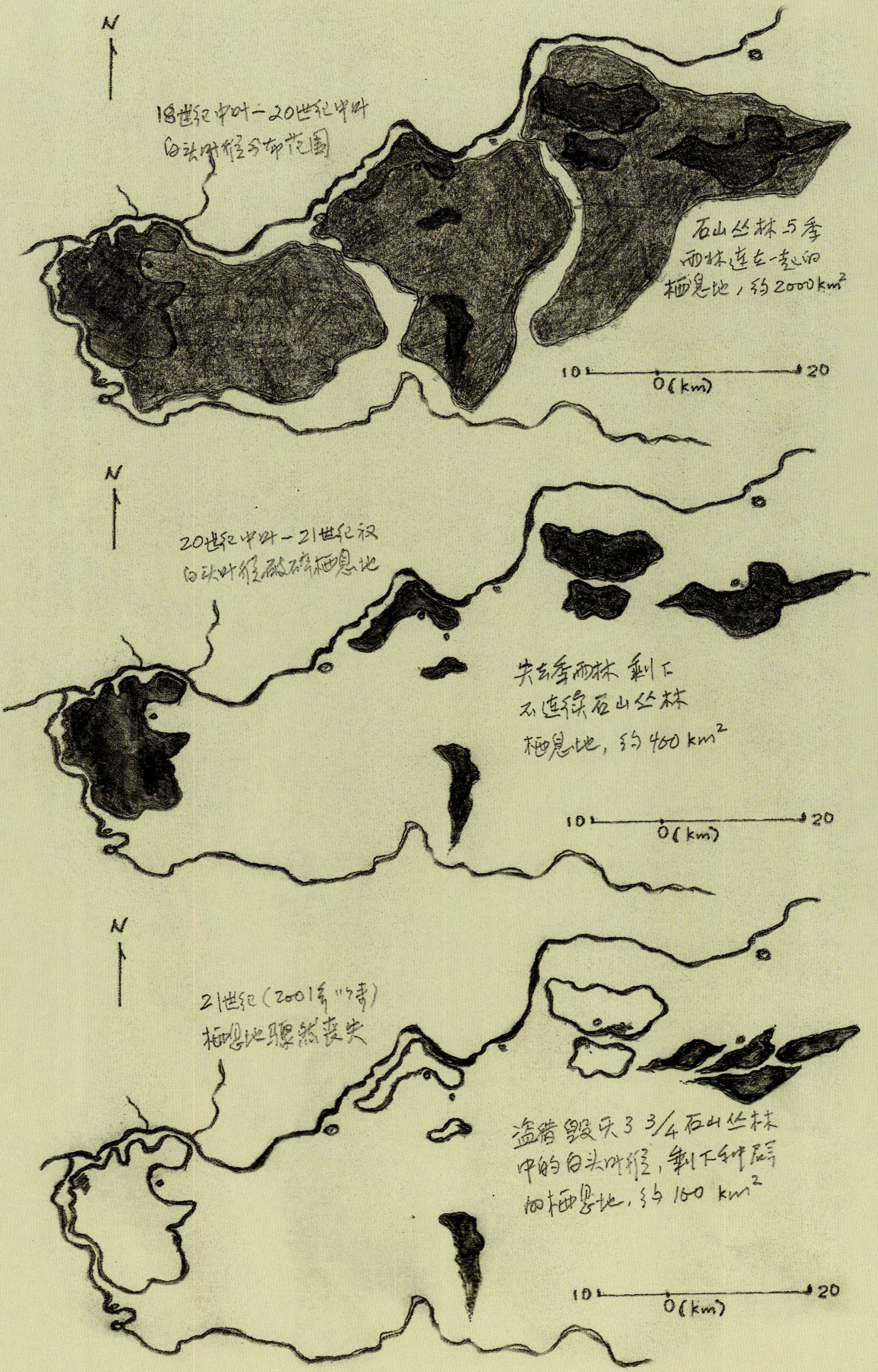

▲ 白头叶猴分布区（图中黑色斑块）生境变化过程（潘文石 手绘，2001 年 12 月）

在 2015 年 4—12 月的种群数量调查周期，我们将弄官山划分为三个片区，采用样线法对弄官山白头叶猴种群数量进行调查，结果如右图。

弄官山总共有 222 个山头，平均每个家庭群的世袭领地占 3—5 个山头，而全雄群只有临时领地。因此，2015 年弄官山的 38 个家庭群占据 114—190 个山头，未达到饱和状态，表明弄官山白头叶猴种群仍有继续扩增的空间。

共有 9 个家庭群和 3 个全雄群，

白头叶猴总数量为 216 只

共有 21 个家庭群和 4 个全雄群，

白头叶猴总数量为 425 只

共有 8 个家庭群和 2 个全雄群，

白头叶猴总数量为 156 只

2015 年 12 月，弄官山白头叶猴个体总数为 797 只

▼ 2015 年 4—12 月，弄官山白头叶猴分布区调查路线和组群分布图

（调查样线及范围线路由顾铁流、封春光、杨颜萍手绘）

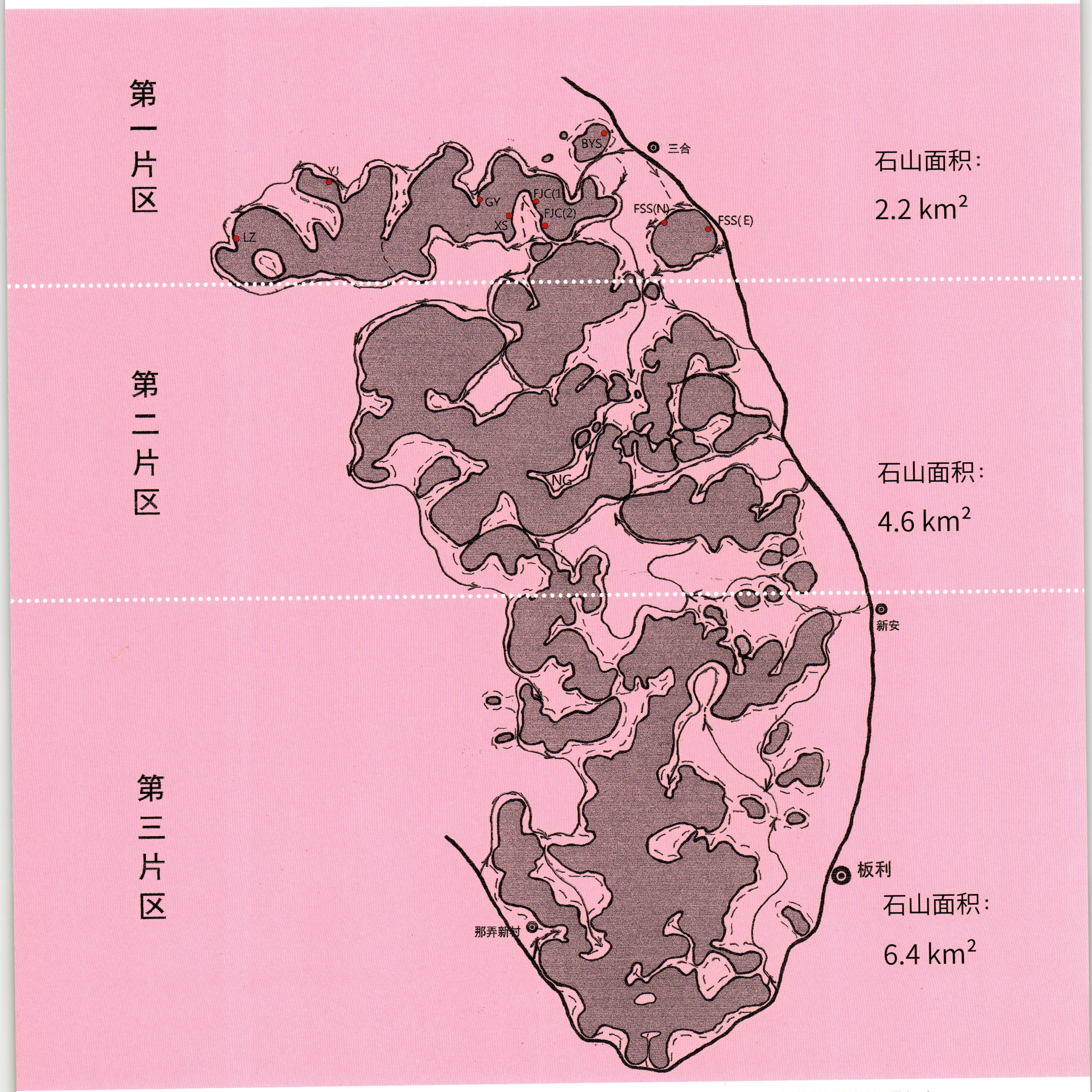

（注：出于保护目的未将所有弄官山白头叶猴组群具体位置标示于图上。）

弄官山
白头叶猴的未来

在过去 20 多年里，我们亲眼见证了弄官山白头叶猴依靠弄官山生态系统的自然力量和自身的生育能力，从濒临灭绝逐渐恢复生机。

弄官山的栖息地由于人类的农业开发变成了一个生态孤岛，白头叶猴在这个孤岛之中近亲繁殖的压力依然是不可避免的。从长远来看，它们还能在弄官山的天地间继续繁衍和生存下去吗?

一个有灭绝风险的物种能否继续存活，取决于种群的大小、扩散或迁入个体的交换水平，还有随时间的波动浮动及种群中个体的寿命与繁殖率等条件。世界自然保护联盟（IUCN），提供了一个可以进行种群生存力分析的数学模型（PVA）。研究小组中的潘岳从中选择了一个“漩涡”的软件，即 VORTEX9.99C，在计算机上进行了 500 次模拟实验来预测弄官山白头叶猴的生存前景。

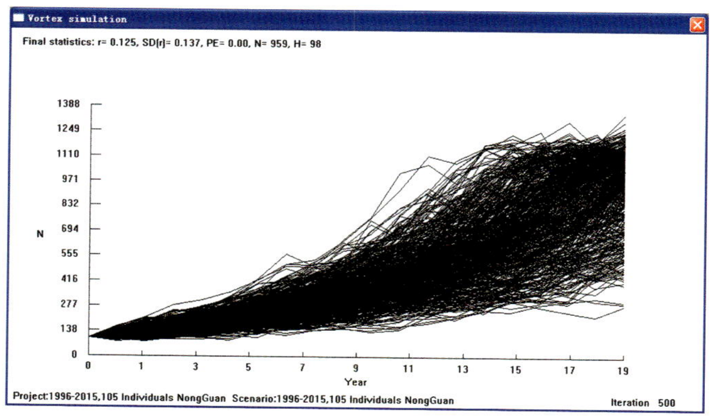

▲ 以 1997 年弄官山 105 只个体作为初始种群，模拟后 19 年的种群动态变化：在 500 次计算机模拟实验中，当雌性产第一胎平均年龄为 5 岁时，该种群数量从 105 只增长至 959 只，灭绝概率为 0%，存活概率为 100%

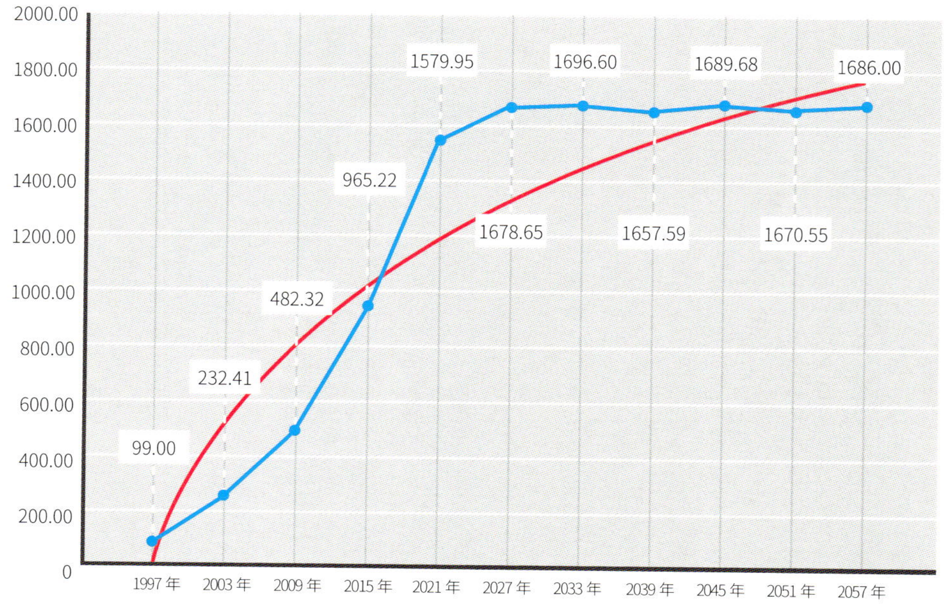

▲ 根据模拟实验预测 1997—2057 年弄官山白头叶猴种群数量增长趋势图，预设环境容量为 1800 只

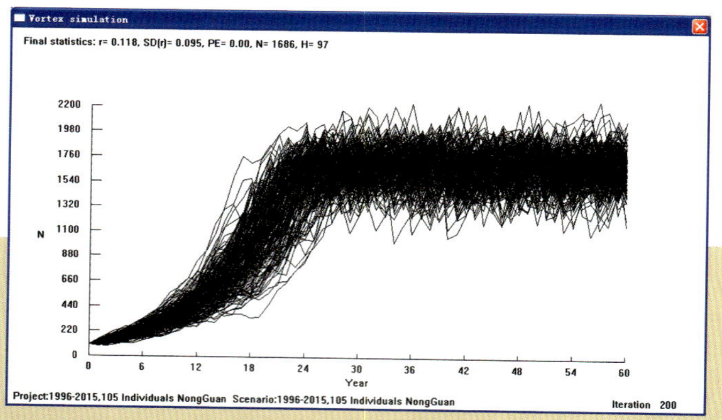

▲ 以 1997 年弄官山 105 只个体为初始种群，模拟后 60 年的种群动态变化

地球上每一种动植物与其他动植物间都相依相存，任何一个物种的灭绝都意味着生命之链有一环中断，一段灿烂而不可再现的历史将悄然逝去，我们的子孙也会因此失去大自然留给他们的宝贵财富。

挽救物种的原因有许多，它们的价值已经渗透到人类关切的方方面面——政治的、经济的、文化的、科学的、美学的及宗教的，但是归根到底还是基于今日正在建立的伦理道德——“每一种生命都有同人类一样在地球上继续生存下去的权利”。

▼ 日复一日的陪伴、年复一年的见证

2013 年 1 月 13 日　　星期日　　天气晴朗

每次站在飞来石山顶，目睹石峰丛林中白头叶猴的身影，感受着弄官山轻轻吹拂的清风的温暖，置身这荒野家园中，我们已经融入弄官山生命的共同体。每一天的深入了解，每一月的更深热爱，每一年不断增强的道德责任感，都激发着我们：所有的努力都是为了这片山区人与万物生灵安全幸福的未来！

“问君何能尔？心远地自偏。
采菊东篱下，悠然见南山。”

——东晋·陶渊明

人类无法孤独地行走于天地之间，
我们必须与万物同生共存；
我们需要自然界，
特别是那些看似荒野
实为家园的地方；
正是这些地方诞生了我们
人类这个物种，
正是这些地方成为万物生存的伊甸园；
也正是因为这些地方庇护着
我们子子孙孙赖以生存的
那片洞天福地。

——[illegible]石
15/10,2009

每年，潘文石的大女儿潘岱都会来看望他。

2023 年春，她问道：
“爸爸，您已经 86 岁了，为什么还要在荒无人烟的野地里跋涉？您不觉得腻吗？”

“老爸确实已经老了，但有两个原因让我舍不得离开：
第一，弄官山的生命共同体将如何继续演化？
第二，白头叶猴种群的利他主义行为的遗传背景是什么？
这些研究都十分重要，它们将成为人类拯救未来的思想基础。”

图书在版编目（CIP）数据

弄官山：在白头叶猴中间 / 潘文石等著 . -- 南宁：
广西科学技术出版社，2024.11. --ISBN 978-7-5551-2307-1
I.Q959.848-49

中国国家版本馆 CIP 数据核字第 2024Y2P688 号

弄官山——在白头叶猴中间

NONGGUANSHAN ZAI BAITOUYEHOU ZHONGJIAN

潘文石 梁祖红 顾铁流 封春光 著

策　　划：卢培钊　黄敏娴
责任校对：吴书丽
装帧设计：郑健豪　方　晴　张翎艺丹　梁庆国
责任编辑：饶　江　马月媛　韦丽娜
责任印制：陆　弟

出 版 人：岑　刚
出　　版：广西科学技术出版社
社　　址：广西南宁市东葛路 66 号
邮政编码：530023
网　　址：http://www.gxkjs.com

印　　刷：雅昌文化（集团）有限公司

开　　本：889mm × 1194mm　1/8
字　　数：366 千字
印　　张：42.5
版　　次：2024 年 11 月第 1 版
印　　次：2024 年 11 月第 1 次印刷
书　　号：ISBN 978-7-5551-2307-1
定　　价：588.00 元